典型生态影响类

建设项目竣工环境保护验收要点研究与案例分析

刘晓丹　刘珩　刘勤增　李佳明　著

中国环境出版集团·北京

图书在版编目（CIP）数据

典型生态影响类建设项目竣工环境保护验收要点研究与案例分析/刘晓丹等著. —北京：中国环境出版集团，2022.6
ISBN 978-7-5111-5059-2

Ⅰ．①典… Ⅱ．①刘… Ⅲ．①建筑工程—环境保护—工程验收—案例Ⅳ．①TU712②X799.1

中国版本图书馆 CIP 数据核字（2022）第 030420 号

出 版 人	武德凯
责任编辑	林双双
文字编辑	张 颖
责任校对	薄军霞
封面设计	宋 瑞

出版发行　中国环境出版集团
　　　　　（100062　北京市东城区广渠门内大街 16 号）
　　　　　网　　址：http://www.cesp.com.cn
　　　　　电子邮箱：bjgl@cesp.com.cn
　　　　　联系电话：010-67112765（编辑管理部）
　　　　　　　　　　010-67112739（第三分社）
　　　　　发行热线：010-67125803，010-67113405（传真）
印　　刷　北京中科印刷有限公司
经　　销　各地新华书店
版　　次　2022 年 6 月第 1 版
印　　次　2022 年 6 月第 1 次印刷
开　　本　787×960　1/16
印　　张　12.5
字　　数　210 千字
定　　价　72.00 元

前 言

  竣工环境保护验收一直是建设项目环境管理的重要抓手，是对环境保护"三同时"制度落实情况的有效监控，与环境影响评价形成建设项目环境管理闭环。我国从 1994 年 12 月发布《建设项目环境保护设施竣工验收规定》（现已废止）以来，建设项目竣工环境保护验收实行了约 26 年的行政审批制。随着 2020 年《中华人民共和国固体废物污染环境防治法》修订施行，我国正式进入建设项目竣工环境保护自主验收的时期。建设项目竣工环境保护验收制度由审批制到自主验收制的转变，进一步厘清建设项目环境保护"三同时"制度的实施与监督责任主体。

  在新时期建设项目竣工环境保护自主验收制度下，验收调查技术人员在调查技术上仍存在诸多疑虑与意见分歧，如在重大变动的判断、环境保护设施和环境影响的调查方式等方面。建设单位在施工管理上缺乏经验，在落实环境保护"三同时"制度时容易"缺项漏项"。本书总结了我国建设项目竣工环境保护验收制度的发展沿革，深入剖析了建设项目竣工环境保护验收工作在我国整个建设项目环境保护管理体系中的地位与作用，归纳分析了建设项目竣工环境保护验收调查技术的要点难点，并对水利水电、交通运输、石油化工等各行业不同工程的竣工环境保护验收调查案例进行分析,总结了在建设项目竣工环境保护验收调查过程中应该遵循的技术要点,以及应该注意的负面清单,最后从建设单位的角度出发,探讨出了一套覆盖工程建设期间包括筹建、施工、验收在内各阶段、全过程的环境保护管理经验模式。

　　本书希望为从事建设项目竣工环境保护验收调查的技术人员提供帮助,同时也希望为工程建设单位提供在管理方面的成功经验。本书如有不足与不正确之处,请广大读者提出宝贵意见。

笔者

2022 年 1 月 17 日

目　录

第 1 章　竣工环境保护验收制度及发展沿革

1.1　我国建设项目环境保护工作审批及管理流程

　　一般情况下，我国规模以上的建设项目实施分为规划立项、可行性研究、初步设计、施工、（试）运营 5 个阶段，相关的环境保护审批及管理要求贯穿各个阶段。2002 年《中华人民共和国环境影响评价法》的正式颁布，标志着我国环境影响评价（简称环评）制度跃上了新台阶，发展到一个新阶段。拟议中的建设项目，需对选址、设计、施工等过程及运营和生产阶段可能带来的环境影响进行预测和分析，提出相应的防治措施，为项目选址、设计及建成投产后的环境管理提供科学依据。任何规模以上的建设项目，均需根据其污染特征及可能造成的环境影响进行事前审批，生态环境主管部门将提出具体的事中建设及事后管理相关要求，确保建设项目对环境的实际影响程度降至最低。

　　随着环评制度的实践摸索逐渐发现，环评在生产工艺变更、客观环境的复杂性，以及环境影响预测的准确性、提出环境保护措施的适用性方面存在不确定性。为全面控制工程建设对环境的影响，需要将项目管理重心适当后移，强化建设项目事中和事后监管的重要性也被广泛认同。2002 年 2 月 1 日《建设项目竣工环境保护验收管理办法》（国家环境保护总局令　第 13 号）①正式施行，对建设项目竣工环境保护验收提出了具体规定与要求。随后，各行业的项目竣工环境保护验收技术规范纷纷公布，建设项目竣工环境保护验收制度基本完善，建设项目事先环评、事后验收的双审批制度基本建成。

---

① 根据《关于废止、修改部分生态环境规章和规范性文件的决定》，该办法已于 2021 年 1 月废止。

为统筹区域污染物总量限排及优化国土空间资源配置，建设项目的环境保护管理向建设项目环评上游进行了延伸。2009 年 10 月 1 日《规划环境影响评价条例》的施行，进一步加强对规划的环境影响评价工作，提高规划的科学性，从源头预防环境污染和生态破坏，促进经济、社会和环境的全面协调可持续发展。2016 年 7 月，环境保护部印发了《"十三五"环境影响评价改革实施方案》，明确提出落实战略环评，进一步强化规划环评，加强规划环评与项目环评联动等改革举措。同时，为了跟踪部分建设项目对环境的长期持续影响，建设项目的环境管理继续向竣工环境保护验收的下游延伸。2016 年 1 月 1 日《建设项目环境影响后评价管理办法（试行）》的施行，进一步对建设项目环境影响后评价工作做出了规定，明确了环境影响后评价工作的具体要求。

经过近 20 年的管理探索，我国在修订上位法的同时不断通过制订相关法规及部门规章的形式细化落实各项法律要求，逐步摸索建立起一套上至规划环评及建设项目环评，中至施工阶段的环境保护设施"三同时"（建设项目中防治污染的设施应当与主体工程同时设计、同时施工、同时投产使用）、环境监测与监理，下至工程竣工环境保护验收、排污许可管理、环境影响后评价等方面的规章制度，形成了一个贯穿建设项目全过程的环境保护监督管理体系。建设项目环境保护管理流程如图 1-1 所示。

以下对建设项目环境保护管理流程中各环节工作的法律依据及要点进行分析。

（1）规划环评

以下为法律法规依据。

①《中华人民共和国环境保护法》第十九条规定："编制有关开发利用规划，建设对环境有影响的项目，应当依法进行环境影响评价。未依法进行环境影响评价的开发利用规划，不得组织实施；未依法进行环境影响评价的建设项目，不得开工建设。"

②《中华人民共和国环境影响评价法》第七条规定："国务院有关部门、设区的市级以上地方人民政府及其有关部门，对其组织编制的土地利用的有关规划，区域、流域、海域的建设、开发利用规划，应当在规划编制过程中组织进行环境影响评价，编写该规划有关环境影响的篇章或者说明。"

③《规划环境影响评价条例》（国务院令　第 559 号）。

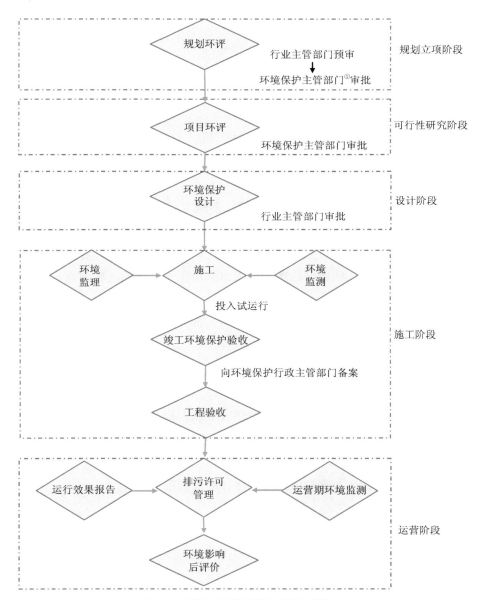

图 1-1　建设项目环境保护管理流程

---

① 环境保护主管部门现已改称为生态环境主管部门。

（2）建设项目环评

以下为法律法规依据。

①《中华人民共和国环境保护法》第十九条规定，建设对环境有影响的项目，应当依法进行环境影响评价；未依法进行环境影响评价的建设项目，不得开工建设。

②《中华人民共和国环境影响评价法》第二十五条规定："建设项目的环境影响评价文件未依法经审批部门审查或者审查后未予批准的，建设单位不得开工建设。"

③《建设项目环境保护管理条例》第九条规定："依法应当编制环境影响报告书、环境影响报告表的建设项目，建设单位应当在开工建设前将环境影响报告书、环境影响报告表报有审批权的环境保护行政主管部门审批；建设项目的环境影响评价文件未依法经审批部门审查或者审查后未予批准的，建设单位不得开工建设。"

部门规章及意见有《建设项目环境影响评价分类管理名录》等。

重要规定包括：

①建设项目的环评文件自批准之日起超过 5 年，方决定该项目开工建设的，其环评文件应当报原审批部门重新审核；

②公众参与从环评报告中剥离，由建设单位主持开展；

③环评不再作为可行性研究报告审批或项目核准的前置条件，但仍须在开工前完成；

④不再将水土保持方案的审批作为环评的前置条件；

⑤取消行业预审；

⑥"未批先建"（未经生态环境主管部门批准而提前违法建设开工的行为）罚款为总投资额的 1%～5%。

（3）环境保护"三同时"制度

以下为法律法规依据。

①《中华人民共和国环境保护法》第四十一条规定："建设项目中防治污染的设施，应当与主体工程同时设计、同时施工、同时投产使用。防治污染的设施应当符合经批准的环境影响评价文件的要求，不得擅自拆除或者闲置。"

②《中华人民共和国水污染防治法》第十九条规定："建设项目的水污染防治设施，应当与主体工程同时设计、同时施工、同时投入使用。"

③《中华人民共和国固体废物污染环境防治法》第十八条规定："建设项目的环境影响评价文件确定需要配套建设的固体废物污染环境防治设施，应当与主体工程同时设计、同时施工、同时投入使用。"

④《中华人民共和国环境噪声污染防治法》[①]第十四条规定："建设项目的环境噪声污染防治设施必须与主体工程同时设计、同时施工、同时投产使用。"

⑤《建设项目环境保护管理条例》第十五条规定："建设项目需要配套建设的环境保护设施，必须与主体工程同时设计、同时施工、同时投产使用。"

（4）环境监理与监测

部门规章依据包括《"十三五"环境影响评价改革实施方案》的规定："鼓励建设单位委托具备相应技术条件的第三方机构开展建设期环境监理。"

其他文件依据包括相关环评文件及其批复等。

（5）竣工环境保护验收

以下为法律法规依据。

①《中华人民共和国固体废物污染环境防治法》第十八条规定："建设单位应当依照有关法律法规的规定，对配套建设的固体废物污染环境防治设施进行验收，编制验收报告，并向社会公开。"

②《中华人民共和国环境噪声污染防治法》第十四条规定："建设项目在投入生产或者使用之前，其环境噪声污染防治设施必须按照国家规定的标准和程序进行验收；达不到国家规定要求的，该建设项目不得投入生产或者使用。"

③《建设项目环境保护管理条例》（国务院令 第682号）第十七条规定："编制环境影响报告书、环境影响报告表的建设项目竣工后，建设单位应当按照国务院环境保护行政主管部门规定的标准和程序，对配套建设的环境保护设施进行验收，编制验收报告。"

部门规章依据为《建设项目竣工环境保护验收暂行办法》。

其他文件依据包括相关环评文件及其批复等。

---

① 《中华人民共和国环境噪声污染防治法》于2022年6月5日《中华人民共和国噪声污染防治法》施行的同时废止。

重要规定包括：

①取消竣工环境保护验收行政审批，建设单位自行组织验收，并向社会公布、向环境保护相关部门备案。根据《关于规范建设单位自主开展建设项目竣工环境保护验收的通知（征求意见稿）》等规定，建设项目竣工环境保护验收由建设单位自行编制或委托具有相关技术能力的机构编制验收报告，并成立验收工作组对工程配套环境保护设施进行验收，验收合格后主体工程方可投入运行。

②对未经环境保护验收或验收不合格即投入使用的，或未依法向社会公开验收报告的企业及个人均进行处罚。配套环境保护设施未经验收或验收不合格，即投入使用的，由县级以上环境保护行政主管部门责令改正，处 20 万元以上 100 万元以下的罚款；逾期不改正的，处 100 万元以上 200 万元以下的罚款；对直接负责的主管人员和其他责任人员，处 5 万元以上 20 万元以下的罚款；建设单位未依法向社会公开环境保护设施验收报告的，由县级以上环境保护行政主管部门责令公开，处 5 万元以上 20 万元以下的罚款。

③《建设项目竣工环境保护验收暂行办法》第八条规定，如纳入排污许可管理的建设项目，事先取得排污许可证是项目自行验收的前置条件。

④自行验收期限一般为项目投入试运行至完成自行验收并向社会公开验收调查报告的这段期间，一般不超过 3 个月，最长不超过一年；超过此期限没有完成验收且项目继续投入运行的，均视为"未验先投"（建设项目配套环境保护设施未通过验收就投入生产运行的情况）。

（6）环境影响后评价

以下为法律法规依据。

①《中华人民共和国环境影响评价法》第二十七条规定："在项目建设、运行过程中产生不符合经审批的环境影响评价文件的情形的，建设单位应当组织环境影响的后评价，采取改进措施，并报原环境影响评价文件审批部门和建设项目审批部门备案；原环境影响评价文件审批部门也可以责成建设单位进行环境影响的后评价，采取改进措施。"

②《建设项目环境保护管理条例》第十九条规定："前款规定的建设项目投入生产或者使用后，应当按照国务院环境保护行政主管部门的规定开展环境影响后评价。"

部门规章依据包括《"十三五"环境影响评价改革实施方案》的规定："强化环境影响后评价。对长期性、累积性和不确定性环境影响突出，有重大环境风险或者穿越重要生态环境敏感区的重大项目，应开展环境影响后评价，落实建设项目后续环境管理。"

其他依据包括相关环评批复要求等。

1.2　竣工环境保护验收制度

自1994年12月《建设项目环境保护设施竣工验收规定》（国家环境保护局令第14号）①以来，竣工环境保护验收实行了约26年的行政审批制。竣工环境保护验收作为工程竣工验收的一个重要专项，很好地追踪了环评审批之后项目建设实际产生的环境问题，有效地与环评工作形成闭环，而竣工环境保护验收行政审批，作为环境保护主管部门的一个有力抓手，能对项目建设"三同时"制度的落实情况进行有效监控。在相当长的时间内，竣工环境保护验收行政审批制度很好地发挥了其应有的作用，并在一定程度上缓解了项目建设环境门槛要求严进宽出的不利情况。但随着时间的推移，竣工环境保护验收行政审批制度的弊端也逐渐显现，其中最突出的是，其在一定程度上造成了落实"三同时"制度的责任主体不明确、建设单位主体责任和环境保护主管部门监管责任易被混淆的情况时有发生。环境保护主管部门本应承担监督执法职责，却承担了因审批产生的连带责任及兜底义务；建设单位本应主动、长效、全面落实环评提出的各项环境保护要求，却变成了仅为一纸批文而被动、临时、应急地应付环境保护工作。

为落实国家简政放权、放管结合的行政体制改革精神，建设项目环境保护管理思路由传统的重审批、轻监管转为完善源头严防、过程严管、违法严惩的事中事后监管。2016年7月，环境保护部印发《"十三五"环境影响评价改革实施方案》，明确要创新"三同时"管理，研究取消环境保护竣工验收行政许可，实行竣工环境保护自主验收的办法，使环境保护主管部门逐渐回归监督、执法的工作，使建设单位承担环境保护验收主体责任，确保建设项目能长期、有效地落实环境

---

① 《建设项目竣工环境保护验收管理办法》自2002年2月1日起施行，《建设项目环境保护设施竣工验收规定》同时废止。

保护"三同时"制度。2016—2020 年，国家相关的法律法规相继修订，随着 2020 年《中华人民共和国固体废物污染环境防治法》的修订、实施，我国正式进入竣工环境保护自主验收时期。

1.2.1　相关国家法律法规及其他文件

（1）国家法律

《中华人民共和国环境保护法》（2014 年 4 月 24 日修订）；

《中华人民共和国环境影响评价法》（2018 年 12 月 29 日第二次修正）；

《中华人民共和国水污染防治法》（2017 年 6 月 27 日第二次修正）；

《中华人民共和国大气污染防治法》（2018 年 10 月 26 日第二次修正）；

《中华人民共和国环境噪声污染防治法》（2018 年 12 月 29 日修正）；

《中华人民共和国固体废物污染环境防治法》（2020 年 4 月 29 日修订）；

《中华人民共和国水土保持法》（2010 年 12 月 25 日修订）；

《中华人民共和国野生动物保护法》（2018 年 10 月 26 日第三次修正）；

《中华人民共和国渔业法》（2013 年 12 月 28 日第四次修正）；

《中华人民共和国城乡规划法》（2019 年 4 月 23 日第二次修正）；

《中华人民共和国文物保护法》（2017 年 11 月 4 日第五次修正）；

《中华人民共和国森林法》（2019 年 12 月 28 日修订）。

（2）国家法规

《中华人民共和国自然保护区条例》（2017 年 10 月 7 日修订）；

《建设项目环境保护管理条例》（2017 年 7 月 16 日修订）；

《规划环境影响评价条例》（2009 年 10 月 1 日起施行）；

《中华人民共和国文物保护法实施条例》（2017 年 3 月 1 日修订）；

《中华人民共和国野生植物保护条例》（2017 年 10 月 7 日修订）；

《中华人民共和国陆生野生动物保护实施条例》（2016 年 2 月 6 日修订）；

《中华人民共和国水生野生动物保护实施条例》（2013 年 12 月 7 日修订）；

《基本农田保护条例》（1998 年 12 月 27 日颁布）。

（3）部门规章及其他文件

《建设项目环境保护设施竣工验收规定》（国家环境保护局令　第 14 号）；

《建设项目竣工环境保护验收管理办法》（国家环境保护总局令　第 13 号）；

《建设项目竣工环境保护验收暂行办法》；

《建设项目环境保护事中事后监督管理办法（试行）》；

《关于强化建设项目环境影响评价事中事后监管的实施意见》（环环评〔2018〕11 号）；

《关于规范建设单位自主开展建设项目竣工环境保护验收的通知（征求意见稿）》；

《建设项目环境影响评价分类管理名录（2021 年版）》（生态环境部令　第 16 号）；

《"十三五"环境影响评价改革实施方案》；

《建设项目环境影响后评价管理办法（试行）》（环境保护部令　第 37 号）；

《关于切实加强风险防范严格环境影响评价管理的通知》（环发〔2012〕98 号）；

《国务院关于第一批取消 62 项中央指定地方实施行政审批事项的决定》（国发〔2015〕57 号）；

《国务院关于第一批清理规范 89 项国务院部门行政审批中介服务事项的决定》（国发〔2015〕58 号）；

《关于环境保护主管部门不再进行建设项目试生产审批的公告》（环境保护部公告　2016 年　第 29 号）。

1.2.2　审批制阶段

2018 年之前，我国施行的《中华人民共和国水污染防治法》《中华人民共和国大气污染防治法》《中华人民共和国固体废物污染环境防治法》《建设项目环境保护管理条例》等法律法规，均明确规定与建设项目配套的污染防治设施在投入运行前需要由相关环境保护行政主管部门验收合格后，方能投入使用。1994 年 12 月发布的《建设项目环境保护设施竣工验收规定》（国家环境保护局令　第 14 号），规定了建设项目配套环境保护设施验收的审批权限划分、验收内容流程、验收合格条件、处罚规定等内容。2001 年 12 月发布的《建设项目竣工环境保护验收管理办法》（国家环境保护总局令　第 13 号），完善了我国建设项目竣工环境保护验收制度，对竣工环境保护验收工作进行了系统的规定，包括竣工环境保护的验收审批权限、试生产条件、验收形式、验收内容及调查单位资格条件、监督处罚等。

2017 年 7 月国务院公布的《建设项目环境保护管理条例》取消建设项目竣工环境保护验收行政审批，之后验收审批制逐步退出历史舞台。在实行建设项目竣工环境保护验收行政审批制的时期，验收的重要程序及规定如下。

（1）竣工环境保护验收审批

由项目环评审批部门进行验收审批，或委托下一级环境保护主管部门审批。

《建设项目竣工环境保护验收管理办法》（国家环境保护总局令 第 13 号）第三条规定："建设项目竣工环境保护验收是指建设项目竣工后，环境保护行政主管部门根据本办法规定，依据环境保护验收监测或调查结果，并通过现场检查等手段，考核该建设项目是否达到环境保护要求的活动。"第五条规定："国务院环境保护行政主管部门负责制定建设项目竣工环境保护验收管理规范，指导并监督地方人民政府环境保护行政主管部门的建设项目竣工环境保护验收工作，并负责对其审批的环境影响报告书（表）或者环境影响登记表的建设项目竣工环境保护验收工作。县级以上地方人民政府环境保护行政主管部门按照环境影响报告书（表）或环境影响登记表的审批权限负责建设项目竣工环境保护验收。"

（2）试生产批准

由验收审批单位进行试生产批准，2016 年 4 月取消试生产申请与审批。

《建设项目竣工环境保护验收管理办法》（国家环境保护总局令 第 13 号）第七条规定："建设项目试生产前，建设单位应向有审批权的环境保护行政主管部门提出试生产申请。对国务院环境保护行政主管部门审批环境影响报告书（表）或环境影响登记表的非核设施建设项目，由建设项目所在地省、自治区、直辖市人民政府环境保护行政主管部门负责受理其试生产申请，并将其审查决定报送国务院环境保护行政主管部门备案。"第八条规定："环境保护行政主管部门应自接到试生产申请之日起 30 日内，组织或委托下一级环境保护行政主管部门对申请试生产的建设项目环境保护设施及其他环境保护措施的落实情况进行现场检查，并做出审查决定。"

2015 年 10 月 14 日发布的《国务院关于第一批取消 62 项中央指定地方实施行政审批事项的决定》（国发〔2015〕57 号），其中第 25 项取消了省、市、县级环境保护行政主管部门实施的建设项目试生产审批。根据 2016 年 4 月 8 日发布的《关于环境保护主管部门不再进行建设项目试生产审批的公告》（环境保护部公告 2016 年 第 29 号），全国各省、市、县级环境保护主管部门不再受理建设项目试生产申请，也不再进行建设项目试生产审批。

（3）验收调查技术单位

需要由具备相应资质的技术单位进行验收调查，编制验收调查报告。

2015 年 10 月以前，建设单位需要委托具有环评资质或环境监测资质的单位进行竣工环境保护验收调查，编制调查报告。《建设项目竣工环境保护验收管理办法》（国家环境保护总局令　第 13 号）第十三条规定："环境保护验收监测报告（表），由建设单位委托经环境保护行政主管部门批准有相应资质的环境监测站或环境放射性监测站编制。环境保护验收调查报告（表），由建设单位委托经环境保护行政主管部门批准有相应资质的环境监测站或环境放射性监测站，或者具有相应资质的环境影响评价单位编制。"2015 年 10 月 15 日发布的《国务院关于第一批清理规范 89 项国务院部门行政审批中介服务事项的决定》（国发〔2015〕58 号），规定由验收审批部门委托有关机构进行环境保护验收监测或调查，不再由建设单位委托验收调查技术单位，改由审批部门委托有相应资质的单位进行验收调查技术工作，以确保验收调查结论更加客观公正。《国务院关于第一批清理规范 89 项国务院部门行政审批中介服务事项的决定》（国发〔2015〕58 号）第 18 项规定："不再要求申请人提供建设项目竣工环境保护验收监测报告（表）或调查报告（表），改由审批部门委托有关机构进行环境保护验收监测或调查。"

（4）处罚规定

建设单位的建设项目发生"未验先投"的行为，责令其停止生产，并可处 10 万元以下的罚款。

《建设项目环境保护管理条例》（1998 年 11 月 29 日发布）①第二十八条规定："违反本条例规定，建设项目需要配套建设的环境保护设施未建成、未经验收或者经验收不合格，主体工程正式投入生产或者使用的，由审批该建设项目环境影响报告书、环境影响报告表或者环境影响登记表的环境保护行政主管部门责令停止生产或者使用，可以处 10 万元以下的罚款。"

---

① 根据《国务院关于修改〈建设项目环境保护管理条例〉的决定》，2017 年 10 月 1 日起施行新的《建设项目环境保护管理条件》。

1.2.3　审批制转向自主验收的过渡阶段

为加快转变政府职能，充分体现简政放权、放管结合的行政体制改革精神，落实建设单位环境保护"三同时"的主体责任，强化环境保护主管部门的监督职责，扭转"三同时"违法行为得不到及时、有效查处的被动局面。2016 年 7 月 15 日，环境保护部印发的《"十三五"环境影响评价改革实施方案》中，将不断强化事中事后监管作为重要内容，提出创新"三同时"管理、落实监管责任的工作思路，明确取消建设项目环境保护竣工验收的行政许可。

2017 年 7 月新发布的《建设项目环境保护管理条例》（简称《新条例》），取消了竣工环境保护验收行政审批，我国将进入建设项目竣工环境保护自主验收的时代。《新条例》明确划清了建设单位和环境保护主管部门对竣工环境保护验收所承担的法律责任，即建设单位作为竣工环境保护验收的责任主体自行组织验收，对验收的结论负责，并不再要求必须委托具备资质的单位进行验收调查工作；环境保护主管部门回归其监督检查的角色，对建设单位的验收工作进行行政监督。《新条例》第二十条规定："环境保护行政主管部门应当对建设项目环境保护设施设计、施工、验收、投入生产或者使用情况，以及有关环境影响评价文件确定的其他环境保护措施的落实情况，进行监督检查。环境保护行政主管部门应当将建设项目有关环境违法信息记入社会诚信档案，及时向社会公开违法者名单。"

虽然《新条例》明确了竣工环境保护自主验收制度，但当时国家部分上位法如《中华人民共和国水污染防治法》《中华人民共和国固体废物污染环境防治法》《中华人民共和国环境噪声污染防治法》未及时修订或实行，仍规定相关的污染防治设施需要经环境保护行政主管部门审批后方能投入运行，这意味着竣工环境保护自主验收需要经历一段过渡时期，即自主验收与行政审批验收相结合的时期。

2017 年 11 月，为贯彻落实《新条例》，规范建设项目竣工后建设单位自主开展环境保护验收的程序和标准，环境保护部公布了《建设项目竣工环境保护验收暂行办法》（简称《办法》），指导过渡期间的竣工环境保护验收工作。《办法》中对建设单位自主验收的程序和内容，以及环境保护主管部门的监督检查工作做了明确的规定。在新修正的《中华人民共和国水污染防治法》生效施行前或者《中华人民共和国固体废物污染环境防治法》修订完成前、《中华人民共和国环境噪声污染防治法》修正完成前，仍由环境保护主管部门对建设项目水、噪声或者固体废物污染防治设施进行环境保护验收。各省（自治区、直辖市）也出台了配套的过渡期办法。例如：《广东省环境保护厅关于转发环境保护部〈建设项目竣工环境保护验收暂行办法〉的函》（粤环函〔2017〕1945 号）规定，对于大气污染为主的水泥、火电、平板玻璃、冶炼、危险废物焚烧等项目，水污染为主的电镀、印染、鞣革、造纸、酒精生产等项目，或生态影响为主的水利、水电、矿山开发、码头、航道整治等项目，建设单位应按《办法》相关规定自行进行竣工环境保护验收，同时向原广东省环境保护厅提出项目配套噪声、固体废物污染防治设施验收申请；对于噪声污染为主的公路、轨道交通、机场等项目，或固体废物影响为主的危险废物集中处置（不含危险废物焚烧）及综合利用项目，建设单位直接向原广东省环境保护厅提出项目竣工环境保护验收申请，由广东省环境监测中心编制验收监测（调查）报告，并按照现原有验收程序办理。

1.2.4　自主验收阶段

随着 2017 年 6 月 27 日修正的《中华人民共和国水污染防治法》、2018 年 12 月 29 日修正的《中华人民共和国环境噪声污染防治法》、2020 年 4 月 29 日修订的《中华人民共和国固体废物污染环境防治法》的施行，以及 2021 年 1 月 4 日《建设项目竣工环境保护验收管理办法》（国家环境保护总局令　第 13 号）的废止，有关建设项目竣工环境保护验收需要通过环境保护主管部门审批的规定被取消，标志着我国进入竣工环境保护自主验收的新阶段。

较之前的审批验收制度，自主验收制度下取消了验收调查技术单位资质要求，改变了验收工作流程，强化了环境保护行政主管部门的监督工作机制，加大了"未验先投"等行为的处罚力度，相比之下验收内容及验收合格条件变化不大。

（1）确定自主竣工环境保护验收工作流程

现阶段关于自主竣工环境保护验收工作流程的有效指导文件主要是 2017 年 11 月由环境保护部发布的《建设项目竣工环境保护验收暂行办法》，其中对自行开展竣工环境保护验收工作的流程做出了明确规定，流程大致分为准备阶段、调查阶段、现场验收阶段、公示阶段、备案阶段 5 个步骤。

①准备阶段。建设项目竣工后，建设单位应当如实查验、监测、记载建设项目环境保护设施的建设和调试情况，为竣工环境保护验收工作做准备。环境保护设施未与主体工程同时建成的，或者应当取得排污许可证但未取得的，建设单位不得对该建设项目环境保护设施进行调试。调试期间，建设单位应当对环境保护设施运行情况和建设项目对环境的影响进行监测。验收监测应当在确保主体工程调试工况稳定、环境保护设施运行正常的情况下进行，并如实记录监测时的实际工况。国家和地方有关污染物排放标准或者行业验收技术规范对工况和生产负荷另有规定的，按其规定执行。建设单位开展验收监测活动，可根据自身条件和能力，利用自有人员、场所和设备自行监测；也可以委托其他有能力的监测机构开展监测。

②验收调查阶段。建设项目竣工且配套环境保护设施调试稳定后，建设单位应开展监测调查工作，并编制验收监测（调查）报告。建设单位不具备编制验收监测（调查）报告能力的，可以委托有能力的技术机构编制，建设单位对受委托的技术机构编制的验收监测（调查）报告结论负责。建设单位与受委托的技术机构之间的权利义务关系，以及受委托的技术机构应当承担的责任，可以通过合同形式约定。

③现场验收阶段。验收监测（调查）报告编制完成后，建设单位应当根据验收监测（调查）报告结论，开展验收现场检查会，逐一检查是否存在验收不合格的情形，并提出验收意见。一般情况下，建设单位组织成立验收工作组，采取现场检查、资料查阅、召开验收会议等方式，协助开展验收工作。验收工作组可以由设计单位、施工单位、环境影响报告书（表）编制机构、验收监测（调查）报告编制机构等单位代表，以及专业技术专家等组成。对于存在问题的，验收组应提出整改意见，待建设单位整改完成后方可提出验收合格意见。

④公示阶段。现场验收会议召开后，除按照国家需要保密的情形外，建设单位应当通过其网站或其他便于公众知晓的方式，向社会公开工程的竣工日期、配套环境保护设施调试的起止日期、验收调查报告、现场验收意见等相关信息，公示的期限不得少于 20 个工作日。

⑤备案阶段。公示期满后 5 个工作日内，建设单位应当登录全国建设项目竣工环境保护验收信息平台，填报建设项目基本信息、环境保护设施验收情况等相关信息，环境保护主管部门对上述信息予以公开；同时建设单位应当将验收报告及其他档案资料存档备查。

（2）完善监督管理工作机制

竣工环境保护自主验收体制对环境保护主管部门的监督管理效能提出了新的要求。根据 2015 年 12 月环境保护部发布的《建设项目环境保护事中事后监督管理办法（试行）》以及其他相关规定，环境保护主管部门需要按照"双随机、一公开"抽查制度以及"合法性检查为主、合规性检查为辅"的原则开展自主验收监督检查。同时充分依托建设项目竣工环境保护验收信息平台，采取随机抽取检查对象和随机选派执法检查人员的方式（即"双随机"），结合重点建设项目定点检查，对建设项目环境保护设施"三同时"落实情况、竣工验收等情况进行监督性检查，并将有关环境违法信息记入社会诚信档案，及时向社会公开违法者名单。以上的竣工环境保护监管方式加大了信息公开和诚信管理力度，体现了当前创新环境治理模式的新思维。

（3）加大"未验先投"等行为的处罚力度

提高建设单位违法成本与加大环境保护主管部门监督管理力度同样重要，均是强化建设单位自主验收责任主体的基础。在现行的自主验收制度下，将建设单位"未验先投"等行为的处罚由之前的最高 10 万元提升至最高 200 万元，同时增加了对个人的经济处罚与失信记录。2017 年 7 月，国务院公布的《建设项目环境保护管理条例》中的第二十三条规定："违反本条例规定，需要配套建设的环境保护设施未建成、未经验收或者验收不合格，建设项目即投入生产或者使用，或者在环境保护设施验收中弄虚作假的，由县级以上环境保护行政主管部门责令限期改正，处 20 万元以上 100 万元以下的罚款；逾期不改正的，处 100 万元以上 200 万元以下的罚款；对直接负责的主管人员和其他责任人员，处 5 万元以上 20 万元以下的罚款；造成重大环境污染或者生态破坏的，责令停止生产或者使用，或者报经有批准权的人民政府批准，责令关闭。"2017 年 11 月，环境保护部公布的《建设项目竣工环境保护验收暂行办法》中的第十六条规定："需要配套建设的环境保护设施未建成、未经验收或者经验收不合格，建设项目已投入生产或者使用的，或者在验收中弄虚作假的，或者建设单位未依法向社会公开验收报告的，县级以上环境保护主管部门应当依照《建设项目环境保护管理条例》的规定予以处罚，并将建设项目有关环境违法信息及时记入诚信档案，及时向社会公开违法者名单。"

第 2 章 生态影响类建设项目竣工环境保护验收调查技术要点研究

2007—2010 年，环境保护主管部门集中发布了一批建设项目竣工环境保护验收技术规范，包括《建设项目竣工环境保护验收技术规范　生态影响类》（HJ/T 394—2007），以及水利水电、公路、城市轨道交通等各行业的生态影响类建设项目竣工环境保护验收技术规范。2018 年 9 月，生态环境部对《建设项目竣工环境保护验收技术规范　生态影响类》（HJ/T 394—2007）进行征求意见，预修订该规范，但至今尚未发布相关的正式公告。因此，现阶段生态影响类建设项目在进行竣工环境保护验收调查时，仍须按照现行有效的技术规范开展工作，《建设项目竣工环境保护验收技术规范　生态影响类》（征求意见稿）中的内容可供参考，同时属于污染类的部分设施可参考《建设项目竣工环境保护验收技术指南　污染影响类》相关内容进行验收监测。本书对生态影响类建设项目竣工环境保护验收部分重点技术要点进行了分析研究。

2.1　验收技术规定及规范性文件

《关于深化落实水电开发生态环境保护措施的通知》（环发〔2014〕65 号）
《关于进一步加强水电建设环境保护工作的通知》（环办〔2012〕4 号）
《关于加强水电建设环境保护工作的通知》（环发〔2005〕13 号）
《关于进一步加强环境影响评价管理防范环境风险的通知》（环发〔2012〕77 号）
《关于加强资源开发生态环境保护监管工作的意见》（环发〔2004〕24 号）
《关于印发水利水电建设项目水环境与水生生态保护技术政策研讨会会议纪

要的函》（环办函〔2006〕11 号）

《交通建设项目环境保护管理办法》（交通部令　2003 年　第 5 号）（现已废止）

《关于公路、铁路（含轻轨）等建设项目环境影响评价中环境噪声有关问题的通知》（环发〔2003〕94 号）

《关于加强环境噪声污染防治工作改善城乡声环境质量的指导意见》（环发〔2010〕144 号）

《环境影响评价公众参与办法》（生态环境部令　第 4 号）

《关于印发建设项目竣工环境保护验收现场检查及审查要点的通知》（环办〔2015〕113 号）

《关于印发环评管理中部分行业建设项目重大变动清单的通知》（环办〔2015〕52 号）

《建设项目竣工环境保护验收技术规范　生态影响类》（HJ/T 394—2007）

《建设项目竣工环境保护验收技术规范　水利水电》（HJ 464—2009）

《建设项目竣工环境保护验收技术规范　石油天然气开采》（HJ 612—2011）

《建设项目竣工环境保护验收技术规范　城市轨道交通》（HJ/T 403—2007）

《建设项目竣工环境保护验收技术规范　公路》（HJ 552—2010）

《建设项目竣工环境保护验收技术指南　污染影响类》

《建设项目竣工环境保护验收技术规范　生态影响类》（征求意见稿）

《地表水和污水监测技术规范》（HT/T 91—2002）

2.2　验收时段的划分

2017 年国务院公布的《建设项目环境保护管理条例》及环境保护部公布的《建设项目竣工环境保护验收暂行办法》中均明确规定，建设项目分期建设、分期投入运行的，需要进行分期或分阶段验收。建设项目竣工环境保护分期验收和分阶段验收，在概念上容易混淆。对于环评阶段已明确工程分期建设并分期投入运行的建设项目，在进行竣工环境保护验收调查时按照规定应开展分期验收，分期验收调查内容及验收范围应比较清晰，即验收调查内容为本期工程涉及的全部建设内容及要求配备的全部环境保护设施，验收范围为本期工程施工及运行所涉及的全部受影响区域。

　　对于部分生态影响类建设项目，环评阶段将其作为一个整体进行批复，没有明确分期建设，但因其涉及的工程组成较多、施工周期较长，主体工程各部分不是同时建设完成、同时投入运行，而是逐步完工、陆续投入运行，所以其时间跨度有可能超过一年甚至更长。例如：大型水电站各发电机组逐步投入运行，引水工程各段水渠逐步建成通水，码头工程各泊位逐步建成使用等。根据 2017 年环境保护部《建设项目竣工环境保护验收暂行办法》第十二条规定："除需要取得排污许可证的水和大气污染防治设施外，其他环境保护设施的验收期限一般不超过 3 个月；需要对该类环境保护设施进行调试或者整改的，验收期限可以适当延期，但最长不超过 12 个月。"为避免分期投入运行的设施出现"未验先投"，建设单位需要根据实际工程建设情况分阶段制定验收方案，把控好工程建设时间节点，确保各工程组成部分建成、投入运行一年内完成竣工环境保护验收。在分阶段验收的过程中，验收内容不仅包括投入运行的工程部分及其配套环境保护设施，其他工程建设内容及配套环境保护设施均需要在此阶段进行验收。简言之，分阶段验收是对工程进行到此阶段涉及的所有内容进行验收，而不是仅对此阶段投入的工程进行验收；是以时间轴进行划分的，而不是以建设内容进行划分的。例如：水库的蓄水阶段验收，其验收内容不仅包括库区涉及的相关内容，还包括此阶段开展的取弃土场及石料场水土保持措施、坝体生态放流管设置、各施工营地污水及垃圾处理设施建设、鱼类增殖站建设、鱼道设置、移民安置区建设等其他各项工程；引水工程各段水渠的阶段验收，其验收内容不仅包括此段水渠涉及的相关内容，还包括此阶段开展的取弃土场及石料场水土保持措施、各施工营地污水及垃圾处理设施建设、移民安置区建设等其他各项工程。

　　各阶段的验收应彼此联系，不可独立分割。前一阶段验收应对下一阶段的验收提出环境保护措施要求，下一阶段验收应对前一阶段验收提出的各项要求进行回顾。贯穿各施工阶段的工程内容，原则上在各阶段验收时都应进行验收。某阶段完成施工且配套环境保护设施建设全部完成的工程，在本阶段完成验收后，之后的阶段验收可不再进行。

2.3　验收标准

　　根据《建设项目竣工环境保护验收技术规范　生态影响类》(HJ/T 394—2007)及其他现行有效的各生态影响类行业验收调查技术规范,竣工环境保护验收技术及污染物排放标准均采用原环评文件中确定的标准,如之后有新的标准替代旧标准,则采取新的标准进行复核。竣工环境保护验收调查标准均采用原环评报告中的标准,如此标准已被新标准替代,则用新标准进行复核。"复核"在具体要求规范中并未明确,笔者认为,复核即是用新标准对项目运营管理提出要求,也就是说,对于标准有变化的,建设单位需要改变其污染防治措施实施强度与水平,以适应新标准的环境管理要求。

　　2018 年 5 月,生态环境部发布《建设项目竣工环境保护验收技术指南　污染影响类》,对建设项目竣工环境保护验收标准有了新的规定,即环境质量标准执行验收期间现行有效的环境质量标准;污染物排放标准原则上执行环境影响报告书(表)及其审批部门审批决定所规定的标准,在环境影响报告书(表)审批之后发布或修订的标准对建设项目执行该标准有明确时限要求的,按新发布或修订的标准执行。2018 年,生态环境部《建设项目竣工环境保护验收技术规范　生态影响类》(征求意见稿)中采纳了以上验收标准的新规定。

　　笔者认为,以上对验收标准的新规定更有利于建设项目环境监管与区域环境管理的"并轨"。环境质量标准及污染物排放标准是国土空间环境管控的重要抓手,是环境容量上限和环境质量底线的重要衡量。根据区域环境质量逐年向好的总体要求,环境质量标准和污染物排放标准将定期调整,由于不少约束性指标会逐渐变得严格,环境质量标准和污染物排放标准也会提高。生态影响类建设项目建设周期相对较长,环评阶段与验收阶段标准发生变化的情况较为普遍。2018 年之前,以"历史项目沿用历史标准"的思路允许历史项目仍使用环评阶段的标准通过验收,从而造成建设项目污染防治水平与现行环境管理要求"脱轨"。2018 年之后提出的新验收标准更加科学。虽然现阶段新修订的《建设项目竣工环境保护验收技术规范　生态影响类》仍未正式发布,但是在验收时应充分考虑验收标准的新规定,特别是验收阶段标准变严的指标,要针对建设项目的环境保护措施提出明确的整改要求，使其达到新的排放标准要求。

2.4　工程调查技术要点研究

生态影响类建设项目的工程调查是竣工环境保护验收调查工作的基础，主要调查核实项目主体与配套工程是否按照环评报告及其批复内容进行建设，工程的占地是否发生变化，涉及的环境敏感目标是否发生改变，配套的环境保护投资是否发生核减等问题。

2.4.1　工程调查要点

对于生态影响类建设项目，主要的环境影响可能体现在建设项目对区域生态环境形成的持续性影响，对当地生态系统造成的结构性破坏，对国土空间布局产生的根本性改变上。因此，为准确把握生态影响类建设项目的实际生态环境影响情况，在进行工程建设情况调查时应重点做好以下 5 个方面的调查工作。

（1）工程建设内容调查

生态影响类建设项目一般涉及的构筑物较多，工程组成较为复杂。因此，在进行工程建设内容调查时，应首先仔细核对主体工程建设的实际参数，如水库大坝工程水库的总库容、坝高、供水规模等；高速公路项目道路的设计车速、车道数量以及跨水域的桥梁规模等；码头工程码头的吨级、年吞吐量等。把握了关键的工程建设内容，便可基本把握项目环境影响的性质、范围及程度。诸如以上关键的实际参数如果较环评及其批复内容发生明显变化，可能会造成实际情况超出原环评预测的环境影响程度，同时超出区域环境质量可接受的环境承载范围。

生态影响类建设项目一般涉及的辅助工程数量较多且位置分散，它们的建设对周边的环境影响亦不容忽视，甚至部分类别的生态影响类建设项目主要的环境影响是由辅助工程产生的。因此，在把握主体工程建设参数的同时，还应注意对辅助配套工程建设内容进行调查。一般情况下，应重点调查可能会对环境造成不利影响的辅助工程，如水库大坝工程中的通航设施建设工程，高速公路项目中的服务区、加油站、收费站建设工程，抽水蓄能工程中的输变电站建设工程，码头工程中的堆场、仓库建设工程，以及其他配套的大型建筑物建设工程等。

　　总之，进行生态影响类建设项目内容调查时应避免漏项。对于属于环评及其批复的建设计划，应调查建设地点、规模的变化情况；对于不属于环评及其批复的建设计划且不构成重大变更的项目，应调查建设规模、污染源强度、排污方式及周边环境敏感点分布情况。

　　（2）项目占地情况调查

　　生态影响类建设项目的环境影响往往属于线性影响或区域环境影响的类型。项目占地面积较大，如水库、高速公路、防洪堤坝等工程，占地面积可达上万公顷；项目占用的土地类型多，包括农用地、林地、山地等，部分项目甚至涉及自然保护区、生态严格控制区、水源保护区等环境敏感区域。占地面积和区域跨度较大的建设项目，势必会对国土空间利用格局造成影响。工程除涉及永久占地外，往往还涉及临时占地，如取弃土场、施工营地、临时堆场等，如果临时占地不做好日常水土保持措施，使用后不及时进行场地恢复，将会对当地生态环境造成明显破坏。

　　因此，工程占地情况调查对于生态影响类建设项目竣工环境保护验收工作极为重要。调查时需根据工程建设相关资料，核实工程实际占地的区域位置、面积、类型与环评及其批复内容是否一致；调查临时占地在使用期间是否按要求采取了临时水土保持措施，使用后是否按要求进行场地恢复或交由第三方使用。

　　（3）环境保护目标调查

　　环境保护目标作为工程建设运营的环境影响受体，一般情况下在环评阶段列出，并就此提出明确的保护要求。竣工环境保护验收调查的主要任务是对照环评内容调查环境保护目标的现状。如果发现环境保护目标有新增或减少的情况，需调查是工程建设地点、工艺发生变化使影响范围发生改变从而导致的保护目标变化，还是在环评阶段后新建、提标或拆除、降标导致的保护目标变化。一般情况下，如果环境保护目标减少，则对于减少的那部分环境保护目标原环评及其批复提出的要求可不予实施或降低标准；如果环境保护目标新增，除法律有特殊规定外，则需要对新增的环境保护目标采取必要的环境影响减缓措施，将不利的环境影响降至最低。

（4）工况调查

在现行的生态影响类建设项目竣工环境保护验收技术规范中，除《建设项目竣工环境保护验收技术规范　生态影响类》（HJ/T 394—2007）外，其他技术规范均未对工况提出明确的限制要求。HJ/T 394—2007 规定："对于公路、铁路、轨道交通等线性工程以及港口项目，验收调查应在工况稳定、生产负荷达到近期预测生产能力（或交通量）75%以上的情况下进行；如果短期内生产能力（或交通量）确实无法达到设计能力 75%或以上的，验收调查应在主体工程运行稳定、环境保护设施运行正常的条件下进行，注明实际调查工况，并按环境影响评价文件近期的设计能力（或交通量）对主要环境要素进行影响分析。"要求将工程运行工况达到设计生产能力的 75%以上作为验收的前提，如水电项目投入发电的机组装机容量、公路项目的车流量、码头工程的泊位数量或货物吞吐量、供水工程的供水量需要达到设计生产能力的 75%以上，如果达不到 75%就需要对近期设计生产能力进行环境影响预测。

笔者认为，进行生态影响类建设项目竣工环境保护验收时如实记录实际运行工况即可，不必要求必须达到设计生产能力的 75%。在实际运行的生产负荷条件下，配套的环境影响减缓措施及污染防治设施能达到其效果及效能即可通过验收；同时针对下一阶段生产负荷增加的工程项目，需要制订配套的环境影响减缓措施计划。例如：公路项目验收时实际车流量较小，在确保沿线居民敏感点噪声达标的情况下，配套的声屏障等降噪措施可根据实际车流量情况分期修建；灌区工程验收时灌区数量未达到设计规模，在保证退水不污染受纳水体的情况下，灌区退水处理设施可根据实际灌区生产情况分步建设；旅游开发项目验收时接纳旅客数量较少，在满足处理规模与旅客数量相匹配的情况下，配套的污水、垃圾等收集处理设施可分步建设。

（5）环境保护投资调查

生态影响类建设项目的大部分环境保护措施要求是针对施工阶段提出的，但竣工后很难调查已进行施工的建设单位是否按照要求实施了各项环境保护措施、落实了环境管理要求。此外，部分环境保护措施（设施）及管理要求无法直接进行全面调查取证，如大坝底部生态放流管、分层取水设施、珍稀动物保育措施、淹没区污染设施、植被绿化恢复措施等。因此，核实环境保护投资，可在一定程度上判断工程采取的环境保护措施是否到位、设施建设是否满足数量及质量要求。调查过程中可充分利用工程结算书、初步设计总结的相关内容进行实际环境保护投资额核查。

2.4.2　重大变更判定与处理

生态影响类建设项目建设周期长，工程组成较多，在建设过程中受投资、设计优化、征地拆迁等各方面因素的影响，工程实际建设较环评阶段的规划内容发生变化的情况难以避免。例如：水利水电项目可行性研究阶段地质调查数据不精确导致取土场位置发生变化，水库调度方案发生变化导致生态放流方式发生变化，征地困难导致鱼类增殖站建设地点发生变化；公路项目征地拆迁困难或区域国土空间规划调整导致线位发生摆动；石油储备库项目地下涌水预测值偏小导致含油废水排放量增加；航道疏浚项目地形勘测误差导致疏浚量发生变化；城镇化进程发生变化导致移民安置区污水收集及处理方式发生变化等。

《中华人民共和国环境影响评价法》中第二十四条规定："建设项目的环境影响评价文件经批准后，建设项目的性质、规模、地点、采用的生产工艺或者防治污染、防止生态破坏的措施发生重大变动的，建设单位应当重新报批建设项目的环境影响评价文件。"《建设项目环境保护管理条例》第十二条规定："建设项目环境影响报告书、环境影响报告表经批准后，建设项目的性质、规模、地点、采用的生产工艺或者防治污染、防止生态破坏的措施发生重大变动的，建设单位应当重新报批建设项目环境影响报告书、环境影响报告表。"由此可见，建设项目内容的变化是否属于"重大变动"，是建设项目是否需重新报批环评文件的关键。界定水利水电、交通运输等生态影响类建设项目重大变动的现行文件为《关于印发环评管理中部分行业建设项目重大变动清单的通知》（环办〔2015〕52 号），文件中规定："建设项目的性质、规模、地点、生产工艺和环境保护措施五个因素中的一项或一项以上发生重大变动，且可能导致环境影响显著变化（特别是不利环境影响加重）的，界定为重大变动。属于重大变动的应当重新报批环境影响评价文件，不属于重大变动的纳入竣工环境保护验收管理。"针对这段话有两种不同的理解，有的人认为重大变动的界定应严格对照《关于印发环评管理中部分行业建设项目重大变动清单的通知》（环办〔2015〕52 号）

中的变动清单，凡有一项符合即为重大变动，需要重新报批环评文件；有的人认为只有同时满足"符合变动清单中一项"和"可能导致环境影响显著变化（特别是不利环境影响加重）"两个条件的，才属于重大变动。《关于印发环评管理中部分行业建设项目重大变动清单的通知》（环办〔2015〕52号）中明确说明："根据上述原则，结合不同行业的环境影响特点，我部制定了水电等部分行业建设项目重大变动清单（试行）。"文件中制定的部分行业建设项目重大变动清单，是综合考虑了项目"性质、规模、地点、生产工艺和环境保护措施五个因素中的一项或一项以上"及"可能导致环境影响显著变化（特别是不利环境影响加重）"两个条件后制定的。因此，根据《关于印发环评管理中部分行业建设项目重大变动清单的通知》（环办〔2015〕52号）规定，可以认为部分生态影响类建设项目凡是符合文件中列出的变动清单的一项或一项以上的，均属于重大变动，需要重新报批环评。

在实际建设过程中，生态影响类建设项目的多数变动是政策性或客观制约性因素导致的，如果严格按照《关于印发环评管理中部分行业建设项目重大变动清单的通知》（环办〔2015〕52号）规定，很容易发生需要重新报批环评文件的情况，对于一些防洪、供水、基础设施建设等重大工程，较长时间的环评重新审批是项目建设工期所不允许的，所以实际操作时难以严格遵守。同时，部分属于重大变动的建设项目内容，其本身不会造成不利环境影响明显增加，甚至可使不利环境影响减小。例如：水库下泄、水量增加完全能保证最低生态下泄水量要求，从而取消生态放流管建设的情况；公路线位横向摆动超过200 m但其影响范围内居民点减少的情况；改变穿越生态敏感区的路线但实际穿越距离缩短或穿越的生态敏感区等级降低的情况；配套建筑物要求自建污水处理设施但实际污水纳入市政污水管网的情况等。针对以上情况，建议环境保护主管部门对环评的变动进一步精细化管理，避免"一刀切"。在不影响环境保护措施效果的前提下，更大限度地允许工程发生变动，本着"简政放权"的思路"抓大放小"，加大对变动后的环境影响后果监控管理力度，减小对变动具体形式和内容的关注，进一步加强环境影响评价及自主验收制度的执行效能。

2.5　环境保护措施调查技术要点研究

环境保护措施调查，属于竣工环境保护验收核心调查内容之一。2015 年 12 月 30 日，环境保护部颁发了《关于印发建设项目竣工环境保护验收现场检查及审查要点的通知》（环办〔2015〕113 号），其中列出了水电等 6 个生态影响类行业的建设项目竣工环境保护验收现场检查及审查要点，在一定程度上指明了竣工环境保护验收中环境保护措施的调查重点。生态影响类建设项目对环境的影响较为复杂，有施工期的短暂影响，有工程运行的持续影响，有占地或淹没导致空间生态结构变化的影响，有主体及配套建筑物直接排污导致区域环境污染负荷增加的影响等。因此，环境保护措施调查内容应涉及建设项目建设及（试）运行的全过程，调查内容从初步设计阶段的环境保护设计方案，到施工阶段环境保护措施落实情况，再到环境保护设施建设情况、（试）运行阶段环境保护设施运行情况。本书重点分析生态影响类建设项目施工期及（试）运行期的环境保护措施调查要点。

（1）施工期环境保护措施调查

生态影响类建设项目的环境影响往往体现在漫长的施工阶段，在短则三两年长则近十年的建设周期中，施工营地的污水排放、施工机械的噪声、坡面开挖时的水土流失、临时占地造成的植被破坏等均有可能对区域生态环境造成明显的不利影响。在验收调查中，调查已经结束的施工期的环境保护措施落实情况，主要可通过查阅初步设计文件及环境监理报告的方式，对照环评及其批复文件的要求，调查建设单位是否落实各项环境保护措施要求。除了调查施工期的施工营地污水收集处理、施工机械降噪、洒水降尘等污染防治措施的落实情况，生态影响类建设项目更应重点调查生态环境保护管理及研究要求的落实情况。例如：航道整治及码头工程的疏浚、炸礁是否避开鱼类产卵繁殖期；水库淹没是否对占地范围内的珍稀植物进行了保护或异地移栽，是否对国家保护动物进行了人工收集及保育；供水工程是否按要求进行了水源保护区调整论证研究；水库大坝项目是否进行了鱼类增殖放流及其效果评估、珍稀鱼类保育研究、鱼类栖息地设计方案优化；开挖的边坡是否采取了有效的水土保持措施；施工临时占地是否进行了场地恢复，涉及的敏感生态功能区是否采取了特殊保护措施等。

（2）（试）运行期环境保护措施调查

生态影响类建设项目（试）运行期对环境的不利影响主要包括污染影响及生态影响。污染影响主要为项目配套设施或建筑物的排污，如移民安置区及其配套建筑物的生活污染物排放，发电厂房含油废水及废机油等危险废物排放，石油储备库涌水时含油废水排放、油气回收设施的油气排放，码头工程配套堆场及仓库污染物排放等，（试）运行期环境保护措施调查的重点一般为配套的水污染处理设施、废气处理设施、危险废物储存转移设施等是否按照环评及其批复要求进行安装并运行有效。公路建设项目环境影响除以上配套建筑物污染物排放外，运行期环境影响主要还包括车辆噪声的影响，以及跨水域大桥路面排水对河流的环境风险影响。环境保护措施调查主要为调查噪声防护措施及水环境风险防范措施的落实情况，噪声防护措施调查一般调查环评及其批复明确要求落实降噪措施或噪声敏感建筑物、噪声超标的路段是否采取安装声屏障或通风隔声窗等降噪设施的措施，水环境风险防范措施调查主要调查跨水域大桥两端是否修建了足够容积的事故应急池。生态影响主要为项目占地对区域生态环境或种群结构造成的持续影响，如水库大坝工程、防洪堤围工程、公路项目等，其主体工程占地（淹没）面积较大，（试）运行期环境保护措施调查的重点内容一般为最小下泄流量是否得以保障、鱼类损失是否得到补偿、动物栖息地是否得到保护或重建、农业耕地是否进行了复垦、文物是否得到了保护或迁移等。

表 2-1 和表 2-2 分别列出各生态影响类建设项目施工期和（试）运行期环境保护措施调查要点。

表 2-1　生态影响类建设项目施工期环境保护措施调查要点

要素＼对象	水生态	水资源	水环境	大气环境	声环境	固体废物	陆生态	社会	其他
水库大坝工程	涉水施工是否避开鱼类繁殖季节	大坝截流生态流量及下泄保障	涉水施工围堰设置；导流洞调排水沉淀处理措施；施工营地生活类生产废水收集与处理措施；库底污染物清理				淹没区珍稀植物保护及移栽；国家保护动物收集及保育；工程占地临时水土保持措施；开挖边坡水土保持设施修建；取弃土场、施工营地临时用地植被恢复		
引水灌区工程	—	—	施工营地生活污水及生产废水收集集与处理措施	洒水降尘措施	施工机械减振降噪措施	施工营地生活及建筑垃圾收集和转运；工程弃土（渣）处置	工程占地临时水土保持措施；开挖边坡水土保持设施修建；取弃土场、施工营地临时用地被恢复	卫生防疫措施；农耕地表层土壤保护	工程涉及的生态敏感区特殊保护措施；施工期环境监测、环境管理监理等措施
公路项目	跨水域桥梁施工是否开避鱼类繁殖季节	—	跨水域桥梁围堰设置及下游取水口水体临时保护措施；施工营地生活污水及生产废水收集与处理措施						

要素＼对象	水生态	水资源	水环境	大气环境	声环境	固体废物	陆生态	社会	其他
码头工程	炸礁及疏浚是否避开鱼类繁殖季节	—	疏浚施工过程的水环境保护措施；施工船舶污水收集与处理	洒水降尘措施		施工营地生活及建筑垃圾收集和转运；施工船机械油污收集与处理；疏浚工程抛泥及吹填	工程占地临时水土保持措施；开挖边坡水土保持设施修建；取弃土场、施工营地临时用地植被恢复	人群健康保护和卫生防疫措施	工程涉及的生态敏感区特殊保护措施；施工期环境监测、环境管理等监理措施
社会区域开发工程	—	—	施工营地生活污水及生产废水收集与处理措施		施工机械噪声减振措施	施工营地生活及建筑垃圾收集和转运			
航道整治工程	炸礁及疏浚是否避开鱼类繁殖季节	—	施工围堰设置	—		施工营地生活及建筑垃圾收集和转运；施工船机械油污收集与处理；疏浚工程抛泥及吹填	施工营地临时用地植被恢复		
石油储备库工程	—	—	施工营地生活污水及生产废水收集与处理措施；地下水保护措施	洒水降尘措施		施工营地生活及建筑垃圾收集和转运			

表2-2 生态影响类建设项目（试）运行期环境保护措施调查要点

要素＼对象	水生态	水资源	水环境	大气环境	声环境	陆生生态	社会	其他
水库大坝工程	鱼类增殖放流措施；过鱼设施建设；鱼类"三场"保护及下泄最小生态流量保证措施；土著保育恢复；珍稀鱼类或珍稀鱼类人工保育及养殖	—	库区水体保护方案制定与实施；配套建筑物污水收集与处理措施	—	—	陆生生物栖息地重建	移民安置区生活污水、生活垃圾收集与处理；基本农田异地补偿及农业复垦；文物保护及异地迁移	下泄低温水减缓措施；生态敏感区特殊保护措施；废机油等危险废物的储存及处置
引水灌区工程	鱼类增殖放流措施	节水方案	取水水源保护方案；受水区退水收集及处理措施；配套建筑物污水收集与处理设施	—	—		对沿线农业灌溉设施的复建；基本农田异地补偿及农业复垦；文物保护及异地迁移	—
公路项目	—	—	跨水域桥梁事故应急池设置；服务区、收费站及配套建筑物的污水收集与处理设施	公路植被绿化；配套加油站油气回收装置；服务区油烟处理装置	声屏障、隔声窗等声降噪设施	野生动物通道		—

对象 要素	水生态	水资源	水环境	大气环境	声环境	陆生生态	社会	其他
码头工程	—	—	货物堆场雨水收集及处理；配套建筑物污水收集与处理措施；运营船舶污水收集、转运及处理	煤码头堆场降尘措施；油气码头油气回收设施	—	—	—	运营船舶机油等危险废物储存及处置
社会区域开发工程	—	区域用水与节水方案	区域生活污水收集及处理、生产废水收集及处理设施	区域配套餐饮油烟收集及处理设施；区域废气集中收集及处理设施	—	—	移民安置区生活污水、生活垃圾收集与处理	区域集中供电、供热等设施；区域生活垃圾集中堆放及转运；危险废物集中储存及处置；新的生态功能区构建
航道整治工程	鱼类增殖放流措施	—	沿线取水口的取水安全应急预案	—	—	抛泥区吹填及场地平整	—	—
石油储备库工程	—	—	地下涌水收集及处理设施；配套建筑物污水收集与处理设施	油气回收装置	—	—	—	废机油等危险废物的储存及处置

注："三场"为鱼类产卵场、越冬场、索饵场。

2.6　环境影响调查技术要点研究

　　环境影响调查是基于工程环境保护措施落实情况的调查结果。对施工期间环境质量监测数据进行汇总分析，对验收阶段的区域环境质量现状进行监测，通过对比分析工程开工前、施工期、（试）运行期 3 个阶段的环境质量，结合环评的区域环境质量预测结论，综合分析工程的建设及运行对区域环境的影响程度是否在可接受的范围内。

　　进行施工期环境影响调查时应充分收集施工期间的环境监理报告、环境监测报告及环境保护初步设计文件等资料。很多技术调查人员容易将环境影响调查内容与环境保护措施调查内容混淆。环境保护措施调查的主要任务是明确工程"做了什么"，如落实了哪些环境保护措施要求，配套的环境保护设施是否执行了"三同时"制度等；环境影响调查的主要任务是分析采取的环境保护措施是否有效。环境影响调查首先应调查建设项目配套的环境保护设施是否达标排放，分析环境保护设施是否有效运行；然后调查建设项目周边的环境质量是否恶化；最后综合分析建设项目污染物排放特征及区域生态环境质量变化情况，分析建设项目是否对区域生态环境质量造成了明显不利影响，此种不利影响是否超出环评及其批复文件预测的程度范围。如果没有明显不利影响，或造成的不利影响未超出环评及其批复文件的预测范围，就可得出"建设项目对环境的不利影响在可接受范围内"的调查结论，否则应给出"建设项目对环境的不利影响超出可接受范围"的调查结论，并追溯其原因，提出污染防治整改措施的建议。

　　由此可知，对比分析建设项目施工前后的环境质量变化，是判断工程建设的环境影响是否在可接受范围的主要依据。因此，进行验收阶段环境现状监测时特别要注意监测点位及监测指标的设置，应对照环评阶段及施工期的监测方案，尽可能覆盖监测的背景断面及污染指标，同时兼顾项目影响范围内的重要环境保护目标及其他需要特殊保护的区域。只有这样，分析施工期前后区域环境质量及环境保护目标变化时才有充分的监测数据，使环境影响调查结论更加科学可靠。

2.7　公众意见调查技术要点研究

现行有效的生态影响类建设项目竣工环境保护验收技术规范，均规定要进行公众意见调查。公众意见调查是为了了解公众对工程施工期及（试）运行期环境保护工作的意见，以及了解工程建设对工程影响范围内的居民工作和生活的影响情况，可采用问询、问卷调查、座谈会、媒体公示等方法，较为敏感或知名度较高的建设项目也可采取听证会的方式。相关的验收技术规范给出了详细的调查问卷格式及内容。在进行公众意见调查时，除技术规范规定的程序外，还应向调查对象进行充分的说明，引导对方从环境保护的角度提出个人意见，尽量避免对方将调查过程误认为是一种民事诉求的渠道，从而提出与环境保护不相干的意见。进行公众意见统计分析时应注意对反对意见进行归类整理与分析。首先厘清与环境保护不相干的意见；其次将各种反对意见按环境要素归类，总结公众反应最突出的环境问题；最后根据环境保护措施及环境影响调查的结果，对公众提出的意见进行回应。公众反映的情况属实则提出环境保护整改措施意见，并给出时间进度计划，不属实的也应充分说明回应。一般情况下，在公众调查意见中环境保护公众总体满意度为95%以上表示该工程的环境保护工作能被大众接受。

自竣工环境保护公众意见调查实施以来，虽然在一定程度上可以使受影响的群众对项目环境保护工作进行监督，但也存在诸多问题，如公众意见调查人数不多且代表性不强，很多公众反映的施工阶段的不利环境影响无法补救，公众在很多情况下反映的意见不属于环境保护工作相关内容等问题。因此，当前的公众意见调查方法对竣工环境保护验收的意义逐渐减弱。在《环境影响评价公众参与办法》（生态环境部令　第4号）中，环境影响评价的公众参与形式发生改变，明确了建设单位是公众参与的主体，同时延长了公众的参与时间、扩大了公众参与的范围、细化了公众参与的形式，使公众能从项目规划阶段就参与其中，并能通过更广泛的信息平台反映自身诉求。因此，借鉴环评公众参与的改革经验，竣工环境保护验收公众意见调查工作也应与时俱进、进行改革，将公众意见调查的责任主体压实到建设单位，并在施工阶段就开展公众意见调查，加大群众对建设项目施工过程环境保护工作的监督，倒逼建设单位扎实落实各项施工期间的环境保护措施，这样可在一定程度上解决施工期已过导致无法追溯环境保护措施落实效果的问题。

2.8　竣工环境保护验收合格的约束性条件判定

根据《建设项目竣工环境保护验收暂行办法》中提出了建设项目不能通过验收的 9 条约束性条件，本节将逐条分析生态影响类建设项目常见的具体情况。

1）未按环境影响报告书（表）及其审批部门审批决定要求建成环境保护设施，或者环境保护设施不能与主体工程同时投产或者使用的，不得提出验收合格的意见。

一般情况下，生态影响类建设项目配套的关键环境保护设施如果未能按要求建成或投入使用，将成为验收合格的制约条件。生态影响类建设项目的关键环境保护设施主要包括项目占地要求建设的设施，移民安置区、配套建筑物的生活污水收集及处理设施；水利水电项目要求建设的过鱼设施、鱼类增殖站等；高速公路项目要求建设的声屏障、桥底事故应急池等；引水灌区工程要求建设的灌区农田退水处理设施等。如果以上要求建设的关键环境保护设施尚未建成并投入使用，且没有经过论证的、可行的替代保护设施，验收组需要根据实际情况提出整改意见，给出"完成整改措施后通过验收"的现场验收检查意见；如果缺失的环境保护设施无法近期整改完成，验收组可给出"验收不合格"的现场验收检查意见。

2）污染物排放不符合国家和地方相关标准、环境影响报告书（表）及其审批部门审批决定或者重点污染物排放总量控制指标要求的，不得提出验收合格的意见。

一般情况下，生态影响类建设项目的环境影响不以排污影响为主，因此此类情况在生态影响类建设项目验收过程中出现的频率不高。但部分行业仍可能发生此类情况，如石油储备库（地下水封洞库）项目地下涌水排放，引水灌区工程的城镇、农田退水排放，社区、医院的生活污水排放、危险废物排放等，都有可能因环境保护设施运行效果未达到预期或源强增加，所以发生超标排放或污染物排放总量控制超出要求的情况。针对以上情况，验收组可提出污染治理设施达标整治要求，并根据实际情况给出"完成整改措施后通过验收"或"验收不合格"的现场验收检查意见。

3）环境影响报告书（表）经批准后，该建设项目的性质、规模、地点、采用的生产工艺或者防治污染、防止生态破坏的措施发生重大变动，建设单位未重新报批环境影响报告书（表）或者环境影响报告书（表）未经批准的，不得提出验收合格的意见。

关于建设项目的重大变动调查与判定，凡是发生符合《关于印发环评管理中部分行业建设项目重大变动清单的通知》（环办〔2015〕52 号）中变动清单列出的内容，且未进行重新报批环评文件的情况，验收组原则上应给出"验收不合格"的现场验收检查意见。

4）建设过程中造成重大环境污染未治理完成，或者造成重大生态破坏未恢复的，不得提出验收合格的意见。

一般情况下，生态影响类建设项目施工时间长、施工范围广、扰动的地表未能及时恢复，造成区域水生生物、陆生动植物等生物的生物量减少及种群结构遭到破坏，或造成大面积水土流失等其他不利影响。针对以上问题，验收组可根据实际情况提出增殖放流、珍稀动植物保育等生态恢复整改措施要求，或水土流失防治措施要求等其他要求，并视整改措施完成情况给出"完成整改措施后通过验收"或"验收不合格"的现场验收检查意见。

5）纳入排污许可管理的建设项目，无证排污或者不按证排污的，不得提出验收合格的意见。

生态影响类建设项目需要纳入排污许可管理的情况比较少见，对于项目配套工程的固定污染物排放口，如建筑物生活污水排放口、公路加油站或石油储备项目配套的油气回收装置排放口、石油储备库项目含油废水处理设施的排放口等，未按要求办理排污许可证或未按排污许可证要求排污的，验收组应给出"完成整改措施后通过验收"或"验收不合格"的现场验收检查意见。

6）分期建设、分期投入生产或者使用依法应当分期验收的建设项目，其分期建设、分期投入生产或者使用的环境保护设施防治环境污染和生态破坏的能力不能满足其相应主体工程需要的，不得提出验收合格的意见。

生态影响类建设项目需要分阶段验收的情况较为常见（详见本章 2.2 小节），分阶段验收如果出现环评及其批复文件明确提出的环境保护措施未完成的情况，并有可能对环境造成明显不利影响的，验收组可根据实际情况提出"完成整改措施后通过验收"或"验收不合格"的现场验收检查意见。

7）建设单位因该建设项目违反国家和地方环境保护法律法规受到处罚，被责令改正，尚未改正完成的，不得提出验收合格的意见。

除环评及其批复文件同意的内容外，建设项目如果在国家森林公园、自然保护区、饮用水水源保护区、生态严格控制区等敏感区域内发生额外开展施工、设置施工营地及取弃土场、堆放施工原材料、排放污染物等行为，且未按要求停止施工并恢复场地原貌的，验收组原则上应提出"验收不合格"的现场验收检查意见。如果建设项目发生施工扰民、超标排污、被投诉举报等事件并未妥善解决的，验收组可根据实际情况提出"完成整改措施后通过验收"或"验收不合格"的现场验收检查意见。

8）验收报告的基础资料数据明显不实，内容存在重大缺项、遗漏，或者验收结论不明确、不合理的，不得提出验收合格的意见。

建设项目竣工环境保护验收调查报告所采用的工程建设情况信息、环境保护设施参数、环境监测数据、污染物排放去向情况等基础资料不属实，或出现使用环境标准错误、遗漏重要环境敏感目标、监测与评价方法错误、调查技术路线不符合相关要求等情况，导致验收调查内容与实际不符、验收结论不可信的，验收组应提出验收调查报告的修改意见，并待调查报告修改完善后另外组织现场验收。

9）其他环境保护法律法规规章等规定不得通过环境保护验收的，不得提出验收合格的意见。

对于生态影响类建设项目，除上述内容外，其他比较容易违反环境保护法律法规规章等规定的情况包括：

①环评"未批先建"，或环评批准 5 年后才开工建设的；

②在饮用水水源保护区、自然保护区、风景名胜区、国家森林公园等敏感区域内发生施工、设置施工营地及取弃土场、堆放施工原材料、排放污染物等行为的；

③项目未按要求编制突发环境事件应急预案并备案的。

针对以上情况，验收组应该给出"验收不合格"的现场验收检查意见。

第3章 水利水电类建设项目竣工环境保护验收要点研究及案例分析

3.1　水利水电类建设项目特点

3.1.1　工程定义

水利水电工程建设项目是开发利用河流、湖泊、地下水资源和水能资源的建设项目。其中水利指为了人类生存和发展的需要，通过各种措施对自然界的水和水域进行控制和调配，用以防治水旱灾害，开发利用和保护水资源的各项事业及活动。用于控制和调配自然界的地表水和地下水，以达到除害兴利目的而兴建的工程则称为水利工程。根据《建设项目环境影响评价分类管理名录（2021年版）》（生态环境部令　第16号），水利工程包括了水库工程、（不含水源工程的）灌区工程、引水工程、防洪除涝工程、河湖整治（不含农村塘堰、水渠）及地下水开采（农村分散式家庭生活自用水井除外）。

水电工程指开发水力资源，将水能转换为电能的工程，一般包括各类水电站及其辅助工程。由于水利工程和水电工程均与水的开发和利用有关，其工程建设措施和对环境的影响较为相似，因此，常将水力发电工程、农田水利工程及航运工程等统称为水利水电工程。水利水电行业指开展水利水电工程勘测、规划、设计、施工、科研、管理等活动的所有单位的集合。

3.1.2　工程特点

虽然水利水电工程项目种类繁杂，工程建设方式多样，但总体上都具有一定的共同特点。

（1）较强的系统性和综合性

水利水电工程的系统性和综合性主要表现在以下 3 个方面。

①单项水利水电工程是在同一流域、同一地区内各项水利水电工程的有机组合。这些工程既相辅相成，又相互制约，流域的开发和治理都需要从系统和综合的角度进行。

②单项水利水电工程自身往往也是较为复杂的综合体，各工程组成部分大多关系紧密。

③水利水电工程通常具有多项开发任务或服务目标，这些任务或目标既紧密联系，又可能产生冲突。

（2）对环境的影响大、范围广

水利水电工程规划是流域规划或区域规划的组成部分，一项水利水电工程的兴建可能会对其周围地区环境产生较大的影响。通过开发建设水利水电工程，改善当地道路交通条件、通信条件，提升当地基础设施保障水平；但与此同时，工程建设和运行可能会对江河湖泊及其附近地区的自然面貌、生态环境，甚至对局地气候产生不同程度的负面影响。水利水电工程既有兴利除害的一面，又有引发洪涝等灾害的一面。

（3）工程施工和运行条件复杂

水利水电工程中各种水工建筑物工程的施工和运行受复杂的气象、水文、地质等自然条件的影响；同时，水工建筑物大多需要承受水的推力、浮力、渗透力及冲刷力的作用影响，工程条件较为复杂。

（4）建设过程标准化程度高

水利水电工程一般规模大、技术复杂、工期较长、施工活动集中、投资多，兴建时必须按照基本建设程序和有关标准进行，建设过程标准化程度要求高。

3.2　水利水电类建设项目工程概况

3.2.1 水利工程的一般建设过程

（1）流域规划

流域规划是根据流域的水资源条件和国家长远计划，以及该地区水利水电工程建设的发展要求，提出的流域水资源的梯级开发和综合利用的最佳方案。对流域的自然地理、经济状况等条件进行全面系统的调查研究，初步确定流域内可能的建设位置，分析各个坝址的建设条件，拟定梯级布置、工程规模、工程效益等方案，进行多方案分析比较，选定合理的梯级开发方案，并推荐近期开发的工程项目。

水利工程建设项目的立项，需要符合流域规划总体方向。

（2）项目建议书

项目建议书是在流域规划的基础上，由主管部门提出建设项目的轮廓设想，从宏观层面衡量分析项目建设的必要性和可能性，分析项目是否具备建设条件、是否值得投入资金和人力。

项目建议书编制一般由政府委托具有相应资质的设计单位承担，并按国家现行规定权限向主管部门申报审批。现阶段大型水利工程的项目建议书一般由相应权限的国家发展改革委负责审批。

项目建议书被批准后，由政府向社会公布，若有投资建设意向，应及时组建项目法人筹备机构，开展下一建设程序的工作。

（3）可行性研究

可行性研究是项目能否成立的基础，这个阶段的成果是形成可行性研究报告。可行性研究是运用现代科学技术，以及经济科学和管理工程学等学科知识，对项目进行技术经济分析的综合性工作。可行性研究的任务是研究兴建的某个建设项目在技术上是否可行、经济效益是否显著、在财务上是否能够盈利，以及建设中要动用多少人力、物力和资金，建设工期的长短，如何筹集建设资金等重大问题。可行性研究是进行建设项目决策的依据。

可行性研究报告由项目法人（或筹备机构）组织编制，由于专业性较强，一般委托工程咨询公司编制。水利工程的可行性研究报告一般按现行审批权限的规定，报有关发展改革委审批。

（4）施工准备

项目可行性研究报告已经批准，年度水利投资计划下达后，项目法人即可开展施工准备工作，其主要内容包括：

①施工现场的征地、拆迁，施工用水、用电、通信、道路设施建设和场地平整等工作；

②必需的生产生活临时建筑工程；

③组织招投标设计、咨询、设备和物资采购等服务类工作；

④组织建设监理和主体工程招投标，并择优选择监理单位和施工承包商。

施工准备工作开始前，项目法人或其代理机构，须依照有关规定，向县级以上人民政府水行政主管部门进行项目开工申请。工程项目报建后，方可组织施工准备工作。

（5）初步设计

初步设计是在可行性研究的基础上进行的，其主要任务：确定工程规模、工程总体布置、主要建筑物的结构形式及布置；确定机组机型、装机容量和布置；选定对外交通方案、施工导流方式、施工总进度和总布置、主要建筑物施工方法和主要施工设备、资源需用量及其来源；确定水库淹没、工程占地的范围，提出水库淹没处理、移民安置规划和投资概算；提出环境保护设施设计；编制初步设计概算；复核经济评价等。

初步设计一般由项目法人负责组织实施，并委托具有相应水利工程设计资质的设计机构进行设计。初步设计文件编制完成后，由项目法人组织审查后，按国家现行规定权限向主管部门申报审批。现阶段水利工程的初步设计一般由相应权限的县级以上人民政府水行政主管部门负责审批。

（6）建设实施

建设实施阶段是指主体工程的建设实施。项目法人按照批准的建设文件组织工程建设，保证项目建设目标的实现。

水利工程具备开工条件后，主体工程方可开工建设。项目法人或者建设单位应当自工程开工之日起 15 个工作日内，将开工情况的书面报告报项目主管单位和上一级主管单位备案。主体工程开工必须具备的条件包括：项目法人或者建设单位已经设立；初步设计已经批准，施工详图设计满足主体工程施工需要；建设资金已经落实；主体工程施工单位和监理单位已经确定，并分别订立了合同；质量安全监督单位已经确定，并办理了质量安全监督手续；主要设备和材料已经落实来源；施工准备和征地移民等工作满足主体工程开工需要。

（7）竣工验收

竣工验收是工程完成建设目标的标志，是全面考核基本建设成果、检验设计和工程质量的重要步骤。竣工验收合格的项目方可从基本建设转入生产或使用。

在建设项目的建设内容全部完成且经过单位工程验收、符合设计要求，并按照水利基本建设档案管理的有关规定完成档案资料的整理工作和竣工报告、竣工决算等必需文件的编制后，项目法人按照有关规定，向验收主管部门提出申请，根据国家和国务院组成部门颁布的验收规程，组织验收。

竣工决算文件编制完成后，须由审计机关组织竣工审计，其审计报告可作为竣工验收的基本资料。

对工程规模较大、技术较复杂的建设项目可优先进行初步验收。不合格的工程不予验收；工程有遗留问题必须提出具体处理意见，且有限期处理的明确要求并落实相关责任人。

水利工程的竣工验收按照《水利工程建设项目验收管理规定》（水利部令　第30号）进行。一般应先进行移民安置〔若涉及移民安置，应在枢纽工程导（截）流、水库下闸蓄水前完成〕、环境保护、水土保持、移民安置及工程归档等专项验收后，再进行工程竣工验收工作。

（8）项目投产运行

在工程竣工验收完成后，建设项目方可投产使用。

（9）后评价

建设项目竣工投产后一般在 1～2 a 的生产运营后进行一次系统的后评价。主要内容包括：

①影响评价。项目投产后对各方面影响进行的评价。

②经济效果评价。对项目投资、经济效益、财务效益、规模效益、可行性研究深度等方面进行的评价。

③过程评价。对项目立项、设计、施工、建设管理、竣工投产、生产运营等全过程进行的评价。

项目后评价工作一般按照项目法人的自我评价、项目行业的评价、计划部门（或主要投资方）的评价进行。

3.2.2　水电工程的一般建设过程

水电工程与水利工程的建设过程大体相同，但由于水电工程的主管部门为能源部门，而水利工程的主管部门为水利部门，相关管理要求稍有差别。水电工程建设过程相较于水利工程建设过程的差异总结如下所示。

①增加预可行性研究。水电工程建设项目是在江河流域综合利用规划及河流（或河段）水电规划选定的开发方案的基础上，根据国家与地区电力发展规划的要求，编制水电工程预可行性研究报告。政府投资水电工程的预可行性研究报告由企业上级主管部门负责，并委托权威技术机构联合当地发展改革委、能源部门进行审查。

②将可行性研究和初步设计两阶段合并。1993 年电力工业部发布了《关于调整水电工程设计阶段的通知》（电计〔1993〕567 号），取消了原初步设计阶段，将原有可行性研究和初步设计两阶段合并，合并后统一称为可行性研究报告阶段。可行性研究报告按照初步设计的深度进行编制，不再另设初步设计阶段。可行性研究报告原由能源部门委托技术机构进行审查后报相应权限的发展改革委进行审批。现阶段水电项目的可行性研究报告由企业自行组织审查，审查后将可行性研究报告作为附件上报相应权限的发展改革委进行项目核准。

③水电工程的竣工验收依据的管理办法为国家能源局发布的《水电工程验收管理办法》。该管理办法要求：工程的竣工验收须在枢纽工程、建设征地移民安置、环境保护、水土保持、消防、劳动安全与工业卫生、工程决算、工程档案 8 项专项验收的基础上进行；验收工作由省级人民政府能源主管部门负责，并委托有资质的单位作为验收主持单位，组织验收委员会进行；省级人民政府能源主管部门也可直接作为验收主持单位组织验收；验收主持单位在收到竣工验收申请材料后，应会同工程所在地省级人民政府能源主管部门，并邀请相关部门、项目法人所属计划单列企业集团（或中央管理企业）、有关单位和专家组成验收委员会进行验收，必要时可成立专家组进行现场检查和技术预验收。

3.2.3　水利水电工程的施工组织

水利水电工程由于工程体量大，一般分为几个标段分包组织施工，如库区施工标段、道路施工标段、机电施工标段、引水（渠道）施工标段、砂石料场标段等，并根据工程量的大小，可能还会将库区、渠道工程再拆分为几个标段进行施工。

工程监理模式有总承包模式和标段拆分监理模式两种。总承包模式可以由一个监理单位负责总承包整个工程的监理工作，代业主行使工程建设过程中的督促工作。其好处为作为业主的建设单位可以只与一个监理单位联系，工作量减少；其缺点为工程监理权力过于集中，容易形成业主监督的"真空"现象，监督工作可能不到位。部分水利水电工程将工程监理按施工标段同步拆分，其好处是使工程监理工作更到位；其缺点是业主需要对接多个部门，工作量相对较大。

当前水利水电工程一般将环境监理合并至工程监理统一负责，其好处是便于工程监理统筹考虑，而且工程监理权限较大，有利于促进环境保护工作。但工程监理队伍中往往缺少环境保护专业人员，在已知的一些项目中，其环境监理工作均由安全人员负责，由于对环境保护相关政策和要求不熟悉，环境监理工作流于形式，没有达到应有的监理效果，造成环境监理形同虚设。

部分工程由专业的第三方环境保护咨询单位负责环境监理工作，其好处是监理更加专业，环境保护工作的督促也更加细致且符合环评文件的要求；其缺点是环境监理人员对工程施工不熟悉，缺少处罚手段，对促进施工单位的整改力度稍差，常需要建设单位介入协助推进相关工作。

现阶段正在探索工程监理单位与第三方环境保护专业部门合作开展环境监理的模式，由第三方环境保护专业部门负责环境保护工作的专业技术工作，由工程监理单位进行督促。但无论如何，对于水利水电工程，环境监理工作的存在仍然是十分必要的。

3.2.4　水利水电工程的主要建筑物

水利水电工程是对水资源进行控制、调配和利用的工程，常具有综合开发任务及综合利用功能。其开发任务有防洪、发电、灌溉、航运、治涝、城镇和工业供水等。常见的水利水电工程项目组成中的主要建筑物包括：

①挡水建筑物，如拦河坝、拦河闸、堤防等；

②泄水建筑物，如溢流坝、泄水闸、排水泵站等；

③取水建筑物，如取水塔、进水闸等；

④输水建筑物，如输水渠道、输水管道等；

⑤用于发电的引水建筑物，如压力前池、调压室等；

⑥通航建筑物，如船闸、升船机等；

⑦河道整治建筑物，如丁字坝、护岸等；

⑧其他水利建筑物，如鱼道、鱼闸、升鱼机等。

3.3 水利工程主要环境影响分析

（1）水环境影响

主要包括施工期的生产废水和生活污水排放对地表水造成的影响；工程运行导致河段水文情势变化；受水文情势变化影响的工程河段水质变化；水库下游河道水温沿程变化；输水或灌溉工程对沿线地下水环境的影响。

（2）生态环境影响

包括工程开挖、爆破、围堰截流时的石料抛投对施工河段鱼类等水生生物形成的惊扰；生活污水和生产废水的排放对水生生物生境造成的影响；施工占地、占压破坏部分林地、灌草丛和农田；大坝阻断原有天然河道影响水生生物多样性等。

（3）大气环境影响

包括施工开挖、爆破的作业废尘；公路运输产生的粉尘等大气污染物排放造成的影响。

（4）声环境影响

施工期间固定式、连续式钻孔和机械设备产生的噪声污染，以及交通噪声、爆破声等。

（5）固体废物影响

施工弃渣、建筑垃圾和生活垃圾。

（6）人群健康影响

由于施工期人员集中、构成相对复杂、流动性大，容易流行地方病、自然疫源性疾病等疾病。

（7）社会环境影响

工程占压可能对邻近文物、古迹保护单位造成不利影响。

3.4 水利水电工程主要环境保护措施

水利水电工程的主要环境保护措施包括废水及污水处理措施、生态调度措施、分层取水措施、增殖放流措施、水生生物保护措施、陆地生态系统保护措施、生态流量下泄措施、洒水降尘措施、声屏障措施等。下面以水生生物保护措施为例，重点介绍鱼类保护措施中的两种措施。

3.4.1 鱼类增殖站

在水利水电工程中，可以通过建立专业化增殖站收集天然水域的鱼类种质资源，采用先进设施、设备及工艺技术，实现人工增殖和规范化放流及物种保护，修复与改善因水利工程建设等遭受破坏的渔业资源。图 3-1 和图 3-2 分别展示了鱼类增殖站典型生产工艺流程和增殖放流流程。

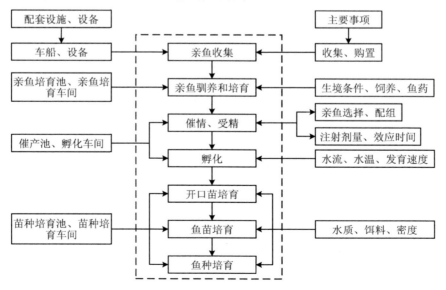

图 3-1 鱼类增殖站典型生产工艺流程

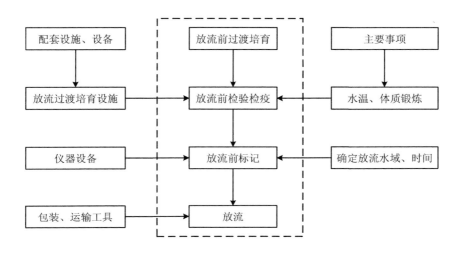

图 3-2　增殖放流流程

3.4.2　过鱼设施

《关于印发水电水利建设项目水环境与水生生态保护技术政策研讨会会议纪要的函》（环办函〔2006〕11号）文件要求："在珍稀保护、特有、具有重要经济价值的鱼类洄游通道建闸、筑坝，须采取过鱼措施。对于拦河闸和水头较低的大坝，宜修建鱼道、鱼梯、鱼闸等永久性的过鱼建筑物；对于高坝大库，宜设置升鱼机、配备鱼泵、过鱼船，以及采取人工网捕过坝措施。"目前过鱼设施主要有仿自然通道、鱼道、鱼闸、升鱼机、集鱼船等，各设施存在其优势和劣势。各种过鱼方案的优缺点如下：

①鱼道方案具有可持续过鱼、运行保证率高、运行费用低等优点；其缺点主要为造价高、占地面积大、出口调度和管理较为不便。

②与鱼道方案相比，鱼闸方案可较大幅度地降低造价、减少占地面积，鱼道出口的调度和管理也较为方便，出口圆筒式结构使受力条件变好；但过鱼连续性、运行保证率则不如鱼道，而且出口闸门开启过鱼受人为因素影响和随意性均较大，存在后期运行管理费用稍高的缺点。

③升鱼机方案具有投资比鱼道方案和鱼闸方案均较低、占地少、布置简单、

更能适应水库水位变幅较大的特点，还具有可以在施工期过鱼等优点；但存在过鱼的连续性不如鱼道方案、过鱼量较小、升鱼过程受人为因素影响和随意性大、需要较多的机械设施、运行和维护费用高等缺点。

④集运鱼系统不受主体工程的限制和影响，能同时实现鱼类上行过坝和下行过坝的需求，其投资为各类措施中最低的。但集运鱼系统过鱼效果在很大程度上取决于集鱼平台，坝址下游为减水河段，水浅、河床窄，集运鱼系统布置和运行困难；同时与升鱼机方案一样，集运鱼系统同样存在无法连续过鱼、过鱼量较小、运行管理难度较大等问题。

表 3-1 对各种过鱼方式进行了比较。

表 3-1　各种过鱼方式比较

过鱼方式 / 对比项目	鱼道方案	鱼闸方案	升鱼机方案	集运鱼系统
技术特点及技术可靠性	保证上下游水生生境的连通，沟通和恢复坝上、坝下水系中鱼类的联系；已实施的工程较多，技术相对成熟	出口少，对水库水位变幅大的适应性好，对库区岸坡稳定影响小；国内应用案例极少，上下游水生生境的连通效果较差	采用升鱼缆机作为过鱼的固定设施；不能实现水生生境连通	机动灵活，通过集鱼平台、运鱼车过鱼；不能实现水生生境连通
过鱼能力	能够连续过鱼，保障鱼类及时过坝，过鱼能力大	无法连续过鱼	无法连续过鱼	不能连续过鱼，过鱼需要进行转运
对过鱼对象的影响	鱼类通过后一般不会受到伤害	鱼类通过鱼闸时可能会受伤	诱集过程中鱼类可能会受到伤害	采用人工集鱼和运鱼，在集运过程中，鱼类可能会受到轻微伤害
过鱼效果	鱼道距离长耗费体力，库区静水不利于栖息，隧洞影响自然采光，无法满足下行过坝	库区静水不利于鱼类栖息，隧洞影响自然采光，无法满足下行过坝，鱼闸出口无法连续过鱼	取决于集诱效果	坝址下游为减水河段，水浅、河床窄，集运鱼系统布置和运行困难
对主体工程的影响	库区边坡及鱼道边墙有安全隐患	库区边坡有安全隐患	升鱼缆机对大坝影响较小	无影响
运行管理	机械设备和故障少；鱼道出口较多，管理难度较高	鱼闸运行管理难度较大，过鱼效果较差	升鱼缆机故障率高，维护成本高	活鱼运输车、集运系统机械设备等的管理要求较高

3.5　水利水电类建设项目竣工环境保护验收要点

3.5.1　环境敏感目标调查要点

3.5.1.1　验收规范解读

《建设项目竣工环境保护验收技术规范　水利水电》（HJ 464—2009）对环境敏感目标调查的技术要求为："根据 HJ/T 394—2007 标准中表 1 所界定的环境敏感目标，调查项目影响范围内的环境敏感目标，包括地理位置、规模、与工程的相对位置关系、主要保护内容、与环境影响评价文件中的变化情况等。"

项目竣工环境保护验收调查期间对环境敏感目标的调查，主要通过核实环境敏感目标的变化情况，评估环境保护措施的有效性和建设项目对环境的实际影响情况。水利水电项目特别是水利枢纽、水电站工程，一般建设在远离人类居住的区域，项目的主要环境敏感目标一般为饮用水水源保护区、世界文化遗产和自然遗产等。

由于水利水电工程（除引水灌区工程等线性类型工程外）对当地的经济、环境等影响较大，一般选址都需要经过较为系统、全面和深入的研究。经过多方博弈和综合考虑，项目立项后，在设计和施工过程中的主体工程一般不会发生太大变化。因此，对于水利水电工程而言，项目竣工验收阶段对环境敏感目标变化的核实调查，重点在于调查敏感目标本身的变化情况，而非工程建设变化造成的敏感目标变化。

3.5.1.2　饮用水水源保护区及取水口的调查

（1）饮用水水源保护区的划定

在调查饮用水水源保护区前，首先应了解饮用水水源保护区的划分方式。

《中华人民共和国水污染防治法》第六十九条规定："县级以上地方人民政府应当组织环境保护等部门，对饮用水水源保护区、地下水型饮用水源的补给区及供水单位周边区域的环境状况和污染风险进行调查评估，筛查可能存在的污染风险因素，并采取相应的风险防范措施。"第六十三条规定："饮用水水源保护区的划定，由有关市、县人民政府提出划定方案，报省、自治区、直辖市人民政府批准；跨市、县饮用水水源保护区的划定，由有关市、县人民政府协商提出划定方案，报省、自治区、直辖市人民政府批准；协商不成的，由省、自治区、直辖市人民政府环境保护主管部门会同同级水行政、国土资源、卫生、建设等部门提出划定方案，征求同级有关部门的意见后，报省、自治区、直辖市人民政府批准。跨省、自治区、直辖市的饮用水水源保护区，由有关省、自治区、直辖市人民政府商有关流域管理机构划定；协商不成的，由国务院环境保护主管部门会同同级水行政、国土资源、卫生、建设等部门提出划定方案，征求国务院有关部门的意见后，报国务院批准。"

因此，饮用水水源保护区的组织职能部门为县级以上人民政府，并由环境保护或水务部门具体组织评估。饮用水水源保护区划定方案均由相应的省、自治区、直辖市人民政府批准或提出，其保护职能为相应的市级、县级人民政府。

（2）饮用水水源保护区的调查方式

饮用水水源保护区的调查，一般可以采用实地调查、网络调查、致函调查 3 种调查方式。

①实地调查：根据饮用水水源保护区的保护规定，饮用水水源保护区的边界应当设立明确的地理界标和明显的警示标志。因此，通过实地考察与调查，可以获取饮用水水源保护区的划定情况及变化情况。其优点在于可以直观地了解饮用水水源保护区的划定情况；缺点在于部分较大型的项目，在进行实地调查时可能工作量较多。另外，部分饮用水水源地的地理界标和警示标志信息更新落后，造成信息可能与实际情况不符。图 3-3 为肇庆某饮用水水源保护区标识牌示例。

②网络调查：是一种通过相关官网搜集资料的调查方式。饮用水水源保护区的划定涉及重大民生，因此饮用水水源保护区的划定方案一般会在政府官网进行公示。可以搜索相关资料的网站包括县级、市级、省级环境保护部门网站，人民政府网站等官方网站，搜索关键词为"饮用水源保护区划方案""饮用水水源保护区划定方案"等（图 3-4）。其优点在于可以较为轻松地获取相关资料，包括可以获取明确的边界图片等（图 3-5）；其缺点在于部分政府机关可能未进行及时的信息公布或未形成信息公开机制，导致部分信息无法获得。

图 3-3　肇庆某饮用水水源保护区标识牌

图 3-4　在省级人民政府网站上搜索的饮用水水源保护区划定方案示例

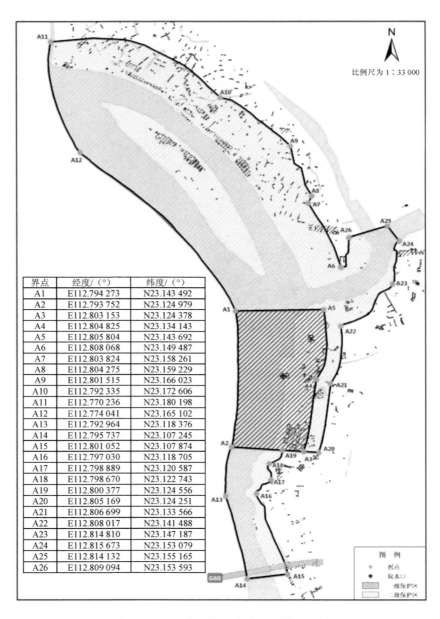

界点	经度/（°）	纬度/（°）
A1	E112.794 273	N23.143 492
A2	E112.793 752	N23.124 979
A3	E112.803 153	N23.124 378
A4	E112.804 825	N23.134 143
A5	E112.805 804	N23.143 692
A6	E112.808 068	N23.149 487
A7	E112.803 824	N23.158 261
A8	E112.804 275	N23.159 229
A9	E112.801 515	N23.166 023
A10	E112.792 335	N23.172 606
A11	E112.770 236	N23.180 198
A12	E112.774 041	N23.165 102
A13	E112.792 964	N23.118 376
A14	E112.795 737	N23.107 245
A15	E112.801 052	N23.107 874
A16	E112.797 030	N23.118 705
A17	E112.798 889	N23.120 587
A18	E112.798 670	N23.122 743
A19	E112.800 377	N23.124 556
A20	E112.805 169	N23.124 251
A21	E112.806 699	N23.133 566
A22	E112.808 017	N23.141 488
A23	E112.814 810	N23.147 187
A24	E112.815 673	N23.153 079
A25	E112.814 132	N23.155 165
A26	E112.809 094	N23.153 593

图 3-5 西江水厂饮用水水源保护区示例

注：A1～A26 为界点编号。

③致函调查：通过向当地政府和业务部门发函，获取饮用水水源保护区的信息。由于水利水电工程为重大民生工程，当地政府部门较为重视和配合开展验收工作时较为便捷。通过发函给政府部门获取饮用水水源保护区情况的方式，可获得较为全面和最新的相关信息资料。可以以建设单位的名义或提供验收调查服务的咨询单位的名义发函，发函前一般提前与相关部门人员联系，确认可提供后再发正式函件。

〈函件样式〉

×××生态环境局：

　　我公司为×××项目的建设单位，现阶段项目已施工完毕进入项目竣工验收阶段，为切实做好生态环境保护工作，落实项目环境影响评价报告要求，评估项目对生态环境的影响，需要调查项目周边饮用水水源保护区及取水口的情况，调查范围为××至××区域。请贵局给予协助，提供相关资料信息。

×××公司

20××年××月××日

以上 3 种调查方式各有优缺点，一般建议采取以上 3 种方式进行结合调查。

（3）取水口的调查方式

近年来，为保障饮用水水源地水质，国务院、生态环境部出台多个文件，要求打好水源地保护攻坚战，对之前未划定为饮用水水源保护区进行保护的取水水源地进行了规范化建设，现将其划定为饮用水水源保护区进行保护。2018 年 3 月，国务院批准印发《全国集中式饮用水水源地环境保护专项行动方案》，对饮用水水源地环境问题清理整治工作做出全面部署。2018 年 6 月，《中共中央　国务院关于全面加强生态环境保护　坚决打好污染防治攻坚战的意见》，进一步明确工作要求，强调要限期完成县级及以上城市饮用水水源地环境问题清理整治任务。

因此，近年来对大部分集中式饮用水水源取水口进行了水源保护区的划定。在建设项目竣工验收调查过程中，取水口调查一般与饮用水水源保护区调查工作重合，可一并开展调查工作。另外，由于大型集中式饮用水水源取水口一般有较为明显的建筑物，现场调查时相对容易辨别（图3-6）。

a. 取水口　　　　　　　　　　　　　b. 临时取水口

c. 取水口建筑物

图 3-6　取水口及取水口建筑物

（4）实地调查工作步骤

项目竣工环境保护验收阶段的饮用水水源保护区及取水口的调查工作，应在熟悉建设项目施工和建设范围、熟悉环评文件的基础上开展。开展本项调查前，可先对照环评文件的项目施工、建设范围和实际的施工、建设范围，确定环境影响范围的变化情况，再根据实际环境影响范围开展敏感目标调查。

敏感目标调查工作开展前，先根据环评文件中的资料对比环评文件的敏感目标调查图片和实际地图，用地图工具标记饮用水水源保护区和取水口的位置，制作现场调查表格，再依据地图到达实地进行调查。

对于项目涉及敏感目标较多，地形较为复杂的，在实地调查工作开展前应制定调查路线，并考察路线的可行性；根据实际地形情况，配备望远镜、无人机等工具，并配备防晒服装、救生衣、安全绳等安全装备。

实地调查过程中应注意做好调查过程的资料收集和记录，包括收集敏感目标的图片（远近景及多角度），记录调查时间、范围等信息。

（5）调查结果的编制

饮用水水源保护区及取水口调查结果的编制，需要详细反映该水源保护区位置、范围、保护级别、与工程的关系、与环评文件要求相比的变化情况等相关内容。对取水口的调查结果，还应明确取水口的供水范围。

先简述调查结果，重点说明经过调查后，饮用水水源保护区及取水口对比环评文件要求的变化情况，然后再通过表格逐一、清晰地展示调查结果（表 3-2）。

表 3-2　某水利项目竣工环境保护验收调查的取水口调查结果

序号	取水口名称	所在行政区	取水量及供水规模	与工程的关系	与环评阶段对比
1	A 水厂取水口	A 市某镇	城乡供水取水口，取水量为 26.82 万 m³，供水人口为 1.2 万人	灌溉回归水汇入河段范围	无变化
2	B 有限公司取水口	A 市某镇	工业用水取水口，取水量为 204.86 万 m³/a	灌溉回归水汇入河段范围	无变化
3	C 公司取水口	A 市某镇	工业用水取水口，取水量为 220.105 万 m³/a	灌溉回归水汇入河段范围	新增
4	D 水厂取水口	B 市某镇	城乡供水取水口，取水量为 20 万 m³，供水人口为 0.45 万人	灌溉回归水汇入河段范围	无变化

3.5.1.3　生态敏感目标的调查

（1）生态敏感目标的类型

水利水电工程建设项目一般涉及的生态敏感目标分为陆生生态敏感目标和水生生态敏感目标。陆生生态敏感目标包括各类陆域自然保护区、风景名胜区、基本农田、地质公园、生态功能保护区、珍稀动物栖息地及重点保护陆生动植物等；水生生态敏感目标包括水域自然保护区、鱼类产卵场、天然渔场及特有、珍稀水生动植物等。

（2）自然保护区调查

根据《中华人民共和国自然保护区条例》，自然保护区（包括陆域、海域和水域）由国务院（国家级自然保护区）或省、自治区、直辖市人民政府（地方级自然保护区）批准。对于建设项目竣工验收阶段的自然保护区调查，可以向项目所在地的省、自治区、直辖市人民政府调查了解。对于国家级自然保护区，还可直接向国务院调查核实。

调查自然保护区主要是调查自然保护区在项目建设后，是否出现调整、是否出现新增的情况。调查内容包括保护区的级别、范围、保护内容及其与工程的关系、设立或调整时间等。

调查方法包括官方网站搜索调查（图3-7）、致函调查等。

图3-7   在官方网站上搜索某自然保护区范围与功能区调整的公示文件

〈知识点延伸〉

　　第十二条　国家级自然保护区的建立,由自然保护区所在的省、自治区、直辖市人民政府或者国务院有关自然保护区行政主管部门提出申请,经国家级自然保护区评审委员会评审后,由国务院环境保护行政主管部门进行协调并提出审批建议,报国务院批准。

　　地方级自然保护区的建立,由自然保护区所在的县、自治县、市、自治州人民政府或者省、自治区、直辖市人民政府有关自然保护区行政主管部门提出申请,经地方级自然保护区评审委员会评审后,由省、自治区、直辖市人民政府环境保护行政主管部门进行协调并提出审批建议,报省、自治区、直辖市人民政府批准,并报国务院环境保护行政主管部门和国务院有关自然保护区行政主管部门备案。

　　跨两个以上行政区域的自然保护区的建立,由有关行政区域的人民政府协商一致后提出申请,并按照前两款规定的程序审批。

　　建立海上自然保护区,须经国务院批准。

　　　　　　——《中华人民共和国自然保护区条例》关于自然保护区建立的规定

（3）生态控制区调查

　　地方人民政府在制定生态功能区划方案时,会划定某些区域为生态严格控制区域,以减少或禁止开发,保护区域生态环境。2017 年 12 月,在环境保护部常务会议上审议并原则通过《"生态保护红线、环境质量底线、资源利用上线和环境准入负面清单"编制技术指南(试行)》。当前,各地陆续完成了"三线一单"的划分工作,逐步明确生态环境分区管控的要求。凡涉及调整生态严格控制区域项目,均须上报省、自治区、直辖市人民政府批准。因此,在项目竣工环境保护验收阶段,项目可能涉及的生态控制区划分及调整的情况,可通过省、自治区、直辖市人民政府进行联系了解,并重点调查项目环评批复后生态控制区域的调整情况。图 3-8 为《广东省生态环境厅关于对湛江市遂溪县严格控制区调整方案意见的函》的部分内容。

广东省生态环境厅 [公众网]
DEPARTMENT OF ECOLOGY AND ENVIRONMENT OF GUANGDONG PROVINCE

现在位置: 首页 > 政务信息 > 政府公文 > 省生态环境厅主动公开文件

广东省生态环境厅关于对湛江市遂溪县严格控制区调整方案意见的函

2019-12-17 来源:本网 【字体:小 中 大】 分享:

广东省生态环境厅关于对湛江市遂溪县严格控制区调整方案意见的函

粤环函〔2019〕1223号

湛江市人民政府:

　　省政府办公厅转来《湛江市人民政府关于审定湛江市遂溪县严格控制区调整方案的请示》（湛府〔2019〕71号）及有关材料,我厅牵头组织研究,根据专家意见、技术评估意见、省有关部门意见及补充修改材料,经省人民政府同意,现函复如下:

　　一、在严格落实《湛江市遂溪县（湛江市综合利用多循环环保项目）严格控制区调整可行性研究报告》（以下简称《可研报告》）提出的各项生态环境保护和恢复措施的基础上,湛江市遂溪县严格控制区调整方案（湛江市综合利用多循环环保项目）对湛江市遂溪县生态安全格局和生态系统功能的影响总体上可接受,原则同意该调整方案。具体调整范围是,将湛江市综合利用多循环环保项目占地范围18.45公顷的地块由严格控制区调整为有限开发区,将青年运河饮用水水源保护区及周边28.57公顷的区域由有限开发区调整为严格控制区。

　　二、湛江市综合利用多循环环保项目应做好工程设计和规划,严格控制施工范围,全面落实各项水土保持、污染防治和生态保护与恢复措施,最大限度减少该项目对周边生态环境及地下水水质的影响,确保生态环境安全;做好施工过程中的环境监理工作,确保相关生态环境保护措施和工作得到有效落实。

　　三、请你市加强青年运河饮用水水源保护区及周边调入区域的生态环境保护工作,严格落实饮用水水源保护区和严格控制区的各项管控要求,进一步提高该区域生态环境质量和生态系统功能;根据严格控制区调整方案及

图 3-8 《广东省生态环境厅关于对湛江市遂溪县严格控制区调整方案意见的函》的部分公示内容

（4）动物栖息地及重点保护动物调查

《中华人民共和国野生动物保护法》第七条规定:"国务院林业草原、渔业主管部门分别主管全国陆生、水生野生动物保护工作。县级以上地方人民政府林业草原、渔业主管部门分别主管本行政区域内陆生、水生野生动物保护工作。"当前,主管陆生野生动物保护工作的行政主管部门为自然资源部（厅、局）,主管水生野生动物保护工作的行政主管部门为农业农村部（厅、局）。

《中华人民共和国野生动物保护法》第十一条规定:"县级以上人民政府野生动物保护主管部门,应当定期组织或者委托有关科学研究机构对野生动物及其栖息地状况进行调查、监测和评估,建立健全野生动物及其栖息地档案。"因此,在

项目竣工环境保护验收调查阶段，对动物栖息地及重点保护动物状况进行的调查，主要依据与自然资源部门及农业农村部门的联系，或在相关部门的官网上进行搜索，核实水利水电项目建设影响范围内的动物栖息地及重点保护动物在项目建设期间的调整、新增情况（图 3-9）。

图 3-9　在农业农村部官网上公布的重要栖息地名录

对重点保护动物进行调查，还可以通过现场查勘、走访当地居民及施工人员等方式，了解项目建设期间重点保护动物的情况。

（5）天然渔场调查

《中华人民共和国渔业法》第二十九条规定："国家保护水产种质资源及其生存环境，并在具有较高经济价值和遗传育种价值的水产种质资源的主要生长繁育区域建立水产种质资源保护区。"水产种质资源保护区的建立情况主要通过渔业主管部门进行调查确认。当前，渔业资源的主管部门为农业农村部门。

（6）重点保护植物调查

对建设项目竣工环境保护验收阶段的重点保护植物的调查，主要是核实环评阶段重点保护植物迁移及其受影响的情况，调查内容包括植物的种类、位置、数量、保护级别等，调查结果需附上分布图。

根据环评文件的要求进行移植的保护植物，应说明其移植前后位置及数量的对比情况。

3.5.1.4　其他环境敏感目标调查

（1）调查方法

①大气、声环境敏感目标调查：主要通过核实工程实际建设位置和线路走向，对环评阶段的环境敏感点进行复核调查。可通过资料调查、实地查勘调查及卫星图像调查等方式。资料调查可通过项目的移民安置文件，调查原住居民的搬迁情况；实地查勘调查是实地确认各大气、声环境敏感点变化情况的调查；卫星图像调查指对项目建设后的卫星实拍地图进行检查的调查，常用的地图工具包括奥维互动地图浏览器、百度地图及谷歌卫星地图。表 3-3 为某水电工程大气、声环境敏感目标调查情况。

②社会环境敏感目标：水利水电工程常涉及的社会环境敏感目标主要为文物保护建筑、景观等。文物保护建筑及景观调查内容主要是核实环评阶段的文物保护建筑受到影响的变化情况。由于文物保护建筑从中华人民共和国成立至今已基本被认定，一般没有增加的情况。因此，在环境保护验收阶段进行现场查勘核实，对发生迁移情况的、环评阶段确定由本项目负责迁移的，根据建设单位提供的资料了解其迁移情况；对其他原因发生迁移的，可向相应的文物主管部门取得联系，了解情况。

（2）报告编制技巧

项目竣工环境保护验收阶段应对各敏感点的调查结果与环评阶段的情况进行对比分析，重点说明居民区等敏感点是否发生变动、是否因为施工或建设方案变化新增或减少、变化因何产生等要点。

表 3-3　某水电项目环境保护验收大气、声环境敏感目标调查

名称	规模	与工程位置关系	较环评变化情况	变化原因
A 村	8 户 35 人	主坝下游 1 km 左岸，距离主坝约 0.5 km	较环评文件减少 5 户 23 人	征地搬迁
B 村	4 户 16 人	主坝下游 2 km 左岸，距离主坝约 0.8 km	较环评文件减少 2 户 10 人	征地搬迁
C 村	12 户 50 人	进场公路附近	无变化	—
D 村	14 户 70 人	进场公路附近	无变化	—

3.5.2　工程调查

对于水利水电建设项目而言，建设方案、施工方案的不同，将产生不同的生态影响。因此，在项目竣工验收阶段，需要对项目的工程建设情况进行调查，以了解环评阶段要求的环境保护措施是否仍能发挥作用。另外，调查建设过程的设计、审批及开工等过程是否按照相关法律法规的要求进行，有助于确保环境保护措施在建设过程中得到有效落实。

3.5.2.1　工程建设过程调查

（1）调查技术要求

对工程建设过程的调查，主要检查建设项目立项文件、初步设计及其批复文件和程序的完整性，以及批复单位权限与项目投资规模的符合性；调查项目审批时间和审批部门、初步设计完成情况及批复时间、环评文件完成情况及审批时间、工程开工建设时间、建设期大事记、完工投入运行时间等；调查工程各阶段的建设单位、设计单位、施工单位和工程环境监理单位；调查工程验收及各专题验收情况。

水利工程的立项文件主要为项目建议书、可行性研究报告，其批复部门为具备审核权限的发展改革委。其中新建库容 10 亿 m^3 及以上或坝高大于 70 m 的大型水库、大型引调水、大江大河（大湖）干流重点河段治理、重要蓄滞洪区建设，以及其他涉及跨国界河流、跨省（区、市）水资源配置调整和按规定须报国务院审批的重大项目由国家发展改革委负责审批，其他规模的水利项目的审批权限由省、自治区、直辖市的发展改革委承担。

水电工程检查的立项文件为预可行性研究报告及可行性研究报告，不设初步设计。水电工程的预可行性研究报告及可行性研究报告均由企业上级主管部门组织技术单位进行技术审查。其中可行性研究报告经审查后，作为附件报送相应的发展改革委进行项目核准，出具核准意见。

水利水电工程由于一般为政府投资，工程未正式进入施工期前一般由相应的上级主管部门作为项目的筹备方，根据投资情况组建项目法人，组织项目施工。在调查工程的建设单位时，需要调查清楚项目前期的筹备单位与工程施工组织过程中的项目法人及其权责。

另外，水利水电工程由于工程复杂，项目的施工及监理单位较多，调查时应把各主要标段、环境影响较大标段及涉及环境保护设施建设标段的参建方调查清楚。

水利水电工程的环境保护验收是整体工程竣工验收的其中一项专项验收，在环境保护验收前一般先完成枢纽工程验收、建设征地移民安置验收、水土保持验收等工作。因此环境保护验收应调查以上各项验收的实施情况，相关数据和材料应保持与其他专项验收材料一致。

（2）调查方式

工程的建设过程调查，一般通过调查相关资料的方式进行，各内容可调查的资料见表 3-4。

表 3-4　建设过程调查内容与资料

调查内容	资料
水利工程立项文件及其批复	项目建议书、可行性研究报告及发展改革委的批复文件
水电工程立项文件及其批复	项目预可行性研究报告、可行性研究报告及发展改革委对项目申请的核准文件
初步设计/可行性研究报告	水利工程的初步设计、水电工程的可行性研究报告
审批权限相符性调查	国家、地方发展改革委及主管部门的审批权限说明文件
审批时间	各审批文件日期落款
工程开工建设时间	工程开工申请、开工令
建设期大事记	建设单位的工程报告、对外宣传材料等
参建单位调查	工程报告、施工通讯录等
工程验收及各专项验收情况	各专项验收意见材料

（3）调查结果编写

工程建设过程的调查结果，一般以大事记的方式进行编写，说明发生的时间、部门和事件，并辅以简单的文字说明。工程参建单位的调查结果，可使用表格的形式进行编写。

某水电工程的工程建设过程调查结果编写示例

①工程预可行性研究及批复过程

2010 年 5 月,中国南方电网有限责任公司委托中国能源建设集团广东省电力设计研究院有限公司、中国水电顾问集团中南勘测设计研究院有限公司、广东省水利电力勘测设计研究院有限公司共同编制完成了《广东电网 2020 年抽水蓄能电站选点规划报告》并通过审查。

2010 年 5 月,水电水利规划设计总院会同广东省发展改革委对选点规划报告进行了审查,同意×××作为广东电网 2020 年新增抽水蓄能电站的推荐站点。

2010 年 8 月,中国水电顾问集团中南勘测设计研究院有限公司编制完成了《×××抽水蓄能电站预可行性研究报告》。

2011 年 5 月,水电水利规划总院会同广东省发展改革委、能源局对预可行性研究报告进行了审查,形成了《×××抽水蓄能电站预可行性研究报告审查意见》。

2011 年 10 月,国家能源局以国能新能〔2011〕×××号文件,复函同意广东省抽水蓄能电站选点规划成果及审查意见。

2011 年 10 月,国家发展改革委以发改办能源〔2011〕×××号文件,同意×××抽水蓄能电站开展前期工作。

②环评制度执行过程

2013 年 4 月,由中国水电顾问集团中南勘测设计研究院有限公司编制完成了《×××抽水蓄能电站环境影响报告书》。

2013 年 5 月,广东省环境技术中心先后在不同地点组织召开了《×××抽水蓄能电站环境影响报告书》专家评审会,并通过了专家评审。

2013 年 9 月,广东省环境保护厅以粤环审〔2013〕×××号文件,批复了本项目的环境影响报告书。批复指出:在本项目按照报告书所列的性质、规模、地点、生产工艺及防治污染措施、防止生态破坏的措施进行建设,在严格落实报告书提出的各项污染防治和环境风险防范措施,并确保污染物排放稳定达标的前提下,其建设从环境保护角度可行。

③工程设计及批复过程

本项目不进行初步设计，可行性研究报告按照初步设计的深度进行工程设计。

2015 年 5 月，在开展了主坝坝址、坝线等 30 个项目的专题研究和设计等前期工作后，由中国水电顾问集团中南勘测设计研究院有限公司编制完成了《×××抽水蓄能电站可行性研究报告》，对项目进行了研究和设计，报告分为十一卷共 15 项专题设计，其中第八卷为《环境保护设计和水土保持设计》。

2015 年 7 月，广东省发展改革委以《广东省发展改革委关于×××抽水蓄能电站项目核准的批复》对×××抽水蓄能电站进行了核准批复。经核准，×××抽水蓄能电站建设地点位于广东省×××境内，远期规划装机容量 240 万 kW，本期安装 4 台每台装机容量为 30 万 kW 的立轴单级混流可逆式水轮发电机组，总装机容量 120 万 kW，由上水库、下水库、输水系统、厂房系统等建筑物和场内永久公路组成。

④工程建设过程及参建单位

2015 年 9 月—2015 年 11 月，A 抽水蓄能电站工程"三洞、两路"①标段相继正式开工建设。

2018 年 6 月，输水发电系统土建工程正式开工。

2018 年 9 月，上水库土建工程正式开工。

2018 年 10 月，下水库土建工程正式开工。

2018 年 12 月，机电设备安装工程正式开工；

2019 年 8 月，完成移民安置验收工作。

2020 年 9 月，工程完成上、下水库库底清理工作，并由本项目建设单位、施工单位、设计单位及监理单位与×××政府各有关部门组成的"×××抽水蓄能电站上、下水库库底清理专项验收小组"，对项目上、下水库库底清理工作进行专项验收并形成验收意见。

2020 年 12 月，项目通过了蓄水阶段水土保持验收。表 3-5 是项目分工及开工情况的空白样表示例。

---

① "三洞"指交通洞、通风洞及自流排水洞；"两路"指下库右岸公路、上下库连接公路。

表 3-5　项目分工及开工情况

分工与各单位	施工单位	开工日期
下库右岸公路施工		
上下库连接公路施工		
交通洞、通风洞及自流排水洞施工		
输水发电系统土建工程施工		
上水库土建工程施工		
下水库土建工程施工		
机电设备安装工程施工		
环评编制单位		—
工程设计单位		—
工程监理单位		—
环境监理单位		—
施工期环境监测单位		—
水土保持监测单位		—

3.5.2.2　工程建设内容调查

（1）调查技术要求

①工程基本情况：包括建设项目的地理位置、工程规模、占地范围，工程的设计标准和建筑物等级，工程构成及特性参数，工程施工布置及弃渣场和料场的位置、规模，工程设计变更等。

②工程施工情况：包括施工布置、施工工艺、主体工程量、主要影响源及源强、后期迹地恢复情况等。

③工程运行方式：包括工程运用调度过程、运行特点及实际运行资料，工程设计效益与运行效益等。

④对于改建、扩建项目，应调查项目建设前的工程概况，设计中规定的改建（或拆除）、扩建内容。

⑤工程总投资和环境保护投资等。

（2）调查方式

工程的基本情况主要通过对工程的初步设计、施工图设计文件中的总体说明，以及重大变动设计说明等文件进行核查。其中弃渣场、料场等情况，可对水土保持监测报告、水土保持验收报告进行校核，使其与报告保持一致。

工程施工情况调查主要通过调查竣工图及其编制说明、施工图的施工组织部分的方式进行。另外，后期的迹地恢复情况调查，主要以对比施工图后进行现场调查的方式进行。

工程的运行方式主要通过调查试运行报告（如有）及项目运行的其他材料进行了解。

（3）调查结果编写

工程位置应附上图片并进行标示，由于水利水电工程影响范围较大，一般在省级和市级地图上标示地理位置。

在水利水电项目竣工环境保护验收调查报告编写过程中，水利水电工程的基本情况及水利水电工程的特征参数，一般以表格的方式体现调查结果，并与环评阶段的相关基本参数进行对比，如有变化则说明变化的原因，再进行变化影响的结果分析。

工程的迹地恢复情况，一般附上实拍图片并进行简要说明，但迹地的恢复详情应在后续生态环境保护措施的落实情况调查中详述。

另外，应调查项目的所有变动情况，重点说明项目是否出现重大变动，并通过重大变动核查表进行说明。调查重大变动情况时，应对照水利水电重大变动清单逐一检查，并对比环评情况逐一说明变动的原因，分析判断某项变动是否属于重大变动。

某水利工程建设内容调查结果示例（节选）

一、工程项目组成

该工程分为主体工程和移民安置，主体工程项目包括永久工程和临时工程。环评阶段及实际设计和验收阶段的项目组成对比情况见表 3-6。

表 3-6　环评阶段及实际设计和验收阶段的项目组成对比情况

工程项目			环评阶段工程组成	验收阶段工程组成	变化及说明
主体工程	永久工程	挡蓄水工程	水库主坝采用碾压混凝土重力坝，最高坝高为 85 m，坝轴线长度为 328.25 m，副坝采用黏土心墙堆渣坝，最高坝高为 35 m，坝轴线长度为 233 m；大坝采用表孔溢洪道与底孔联合泄洪方式，底孔为坝身无压泄洪孔，布置于河床中间位置，表孔分列于底孔两侧，共 2 孔，孔道为无闸门控制式溢洪道	水库主坝为碾压混凝土重力坝，坝顶高程为 419 m，最高坝高为 85 m，坝顶长约 317 m，副坝为黏土心墙堆渣坝，最高坝高为 35 m（计算至心墙底部），坝顶长为 233 m；溢流坝段坝身布置底孔和表孔溢洪道；底孔为坝身无压泄洪孔，表孔共 2 孔，分列于底孔两侧，孔道为无闸门控制式溢洪道	一致
		引水工程	输水线路供水方式采用"一洞四机"布置；出水口均为侧式，出水口底板高程为 366 m	输水线路采用"两洞四机"布置的供水方式；出水口采用侧式，出水口底板高程为 376 m	主要变化：①输水线路供水方式由"一洞四机"改为"两洞四机"，更灵活更抗风险；②对出水口底板高程进行了设计修正
		生产管理区	业主办公楼及附房、业主宿舍楼、电站展示馆、食堂、体育馆、招待所等，占地总面积为 4.3 hm²	业主营地规划包含生产办公区、餐饮区、体育运动区、宿舍区、文化展示区五区	基本一致
		交通工程	场内永久道路 5 条，长为 5.1 km，路基宽为 8 m，路面宽为 7 m，采用混凝土路面	场内永久道路 4 条	其中一条永久道路改为临时道路，减少永久建筑占地

工程项目			环评阶段工程组成	验收阶段工程组成	变化及说明
主体工程	临时工程	导流	采用一次性拦断河床的隧洞导流方式	采用一次拦断河床的隧洞导流方式，导流标准为 20 年一遇洪水	一致
		临时道路	新建施工临时道路 10 条，总长为 12.28 km，泥结碎石路面	新建 11 条施工临时道路	其中一条永久道路改为临时道路，减少永久建筑占地
		施工营地	下库：砂石料加工系统、混凝土生产系统、供水系统、生活营地、金属结构拼装厂和钢管加工厂、其他施工工厂、仓库等	生产能力为 265 t/h 的人工砂石料加工系统、混凝土生产系统、生活营地、供水供气系统、钢管加工厂、其他施工工厂、仓库等	一致
		其他工程	1 个石料场，2 个土料场（库内 1 号、2 号土料场），11 个弃渣场（含移民安置区 2 个），2 个表土堆存场、3 个利用料堆存场	石料场 1 个，2 个土料场（1 号土料场位于库首、2 号土料场位于库盆内），8 个弃渣场（由政府作为业主直接管理的移民安置区弃渣运至指定位置），2 个表土堆存场	减少 3 个弃渣场，其中 2 个弃渣场因移民安置区工程由政府组织而取消使用
		环境保护工程	砂石料加工系统废水处理设施、混凝土系统废水处理设施、洞室废水处理设施、含油废水处理设施、生活营地生活污水处理设施	砂石料加工系统废水处理设施、混凝土系统废水处理设施、洞室废水处理设施、含油废水处理设施、生活营地生活污水处理设施	一致
移民安置	生产安置		生产安置人口数为 2 350 人	生产安置人口数为 2 179 人	实施后重新复核人口
	搬迁安置		搬迁安置人口数为 2 553 人	搬迁安置人口数为 2 320 人	实施后重新复核人口
	专项设施复建		汽车便道、人行道、电力线路、通信线路及供水工程	汽车便道、人行道、电力线路、通信线路及供水工程、幼儿园、小学、卫生所	基本一致

二、工程建设变化情况

（一）主体工程变化情况

工程开发任务未发生变化；工程装机容量、水库正常蓄水位、死水位、校核洪水位、设计洪水位、水库调节特性等均未发生变更；上、下水库坝址均未发生变更；坝址坝型、抽水蓄能开发方式未发生变化。

由于设计优化和勘测深度等，上水库总库容、上水库和下水库进/出水口底板高程、坝顶长度等工程参数发生轻微变化；为使供水方式更灵活并更具抗风险能力，输水系统供水方式由"一洞四机"调整为"两洞四机"；对主厂房、主变洞、施工导流洞的开挖尺寸进行了调整；下水库溢洪道由河床式溢洪道调整为坝身表孔溢洪道。

（二）其他工程变化情况

工程占地变化：环评阶段工程征占地总面积预计为 605.54 hm^2，其中生态用地面积为 549.75 hm^2。当前工程实际建设征地涉及土地总面积为 511.6 hm^2，较环评阶段征占地面积减少了 93.94 hm^2。生态用地面积为 468.26 hm^2，较环评阶段生态用地面积减少 81.49 hm^2。

（三）施工方案变化情况

1. 炸药库设置变更

环评阶段拟于下水库库尾冲沟内设置炸药库 1 座，存储量设计约为 20 t，储存的火工材料为炸药（主要材料为硝酸铵和雷管）。

截至当前，工程实际施工过程中，施工范围内不再设置炸药库，改为由当地的五华比安民用爆破工程有限公司提供爆破服务，由五华比安民用爆破工程有限公司负责配送爆破火工材料，减少施工现场的炸药库事故风险。

2. 油库设置变更

环评阶段拟于 1 号、2 号公路交叉路口设置 1 座存储量为 60 t 的油库。

在实际工程中，项目由环评阶段存储量为 60 t 的油库改为体积 30 m^3 的移动式柴油存放点，设置在 2 号公路 K2+000～K2+085①段的渣场位置，按需求由中国石油广东销售分公司配送至指定位置后，分发至各用油位置，减少了施工现场存油量，降低施工现场的泄油风险。

（四）重大变动判定

对照《关于印发环评管理中部分行业建设项目重大变动清单的通知》（环办〔2015〕52 号），该工程重大变动判定情况见表 3-7。

———————————

① K2+000 和 K2+085 为高速公路的桩号。

表 3-7　工程重大变动判定情况

类型	序号	重大变动判定标准	环评阶段	实施阶段	是否涉及重大变动
项目性质	1	开发任务中新增供水、灌溉、航运等功能	承担广东电网调峰、填谷、紧急事故备用任务，兼有调频、调相及黑启动任务	无变化	否
项目规模	2	单台机组装机容量不变，增加机组数量；或单台机组装机容量增加 20% 及以上（单独立项扩机项目除外）	规划装机容量为 2 400 MW，拟分期开发，本期装机容量为 1 200 MW，上、下水库按终期规模一次建成，地下厂房分 A、B 两个独立厂房，装机容量均为 1 200 MW	无变化	否
	3	水库特征水位如正常蓄水位、死水位、汛限水位等发生变化；水库调节性能发生变化	上水库正常蓄水位为 815.5 m，死水位为 782 m；下水库正常蓄水位为 413.5 m，死水位为 383 m；调节性能为周调节	无变化	否
项目地点	4	坝址重新选址，或坝轴线调整导致新增重大生态保护目标	上水库位于工程区东南侧龙狮殿，下水库位于工程区西北侧黄畲	无变化	否
生产工艺	5	枢纽坝型变化；堤坝式、引水式、混合式等开发方式变化	上水库主坝为钢筋混凝土面板堆石坝，副坝为均质土坝；下水库主坝为碾压混凝土重力坝，副坝为黏土心墙堆渣坝	无变化	否
	6	施工方案发生变化直接涉及自然保护区、风景名胜区、集中饮用水水源保护区等环境敏感区	石料场位于龙狮殿市级自然保护区之外；下水库库尾紧邻广东省生态严格控制区	施工方案变动情况不涉及龙狮殿市级自然保护区及广东省生态严格控制区	否
环境保护措施	7	枢纽布置取消生态流量下泄保障设施、过鱼措施、分层取水水温减缓措施等主要环境保护设施和措施	于下水库 4 坝段内设长为 200 mm 的钢管作为生态放流管，进口高程为 382.5 m，进口设置拦污栅，出口高程为 378 m，要求保证生态下泄流量为 0.101 m³/s	放流管进水口底板高程下降至 379 m，生态下泄流量增加至 0.116 m³/s	否

3.5.3　环境保护措施设计情况调查

3.5.3.1　调查技术要求

《中华人民共和国环境保护法》等法律法规中规定，建设项目中防治污染的设施，应当与主体工程同时设计、同时施工、同时投产使用。《建设项目环境保护管理条例》进一步明确，建设项目的初步设计，应当按照环境保护设计规范的要求，编制环境保护篇章；建设单位应当将环境保护设施建设纳入施工合同，保证环境保护设施建设进度和资金。

项目竣工环境保护验收调查应调查工程对生态环境影响、污染影响和社会影响采取的环境保护措施的设计情况。逐一对照环评及其批复文件的环境保护要求，详细说明初步设计文件、施工设计文件是如何落实具体设计情况的。

3.5.3.2　调查方式

环境保护措施的设计，主要通过调查初步设计的环境保护篇章及施工图设计的环境保护水保部门内容。

环评阶段对环境保护各项措施的实施设想，一般较为原始，未必成熟，实际设计过程中会根据实际的工程考虑、资金情况等进行调整。实际设计阶段对环境保护设施的设计，相对于环评阶段的初步设想一般有以下特点：

（1）对具体内容进行优化调整

一般对施工期的环境保护措施进行优化调整，如原先拟用三级沉淀池处理生产废水，可能在调整后采用旋流处理器处理；环评阶段拟用 A 型号的油水分离器，经设计优化后使用 B 型号的油水分离器。

（2）具体细化设计内容

环评阶段提出的处理工艺初步设想，在设计阶段进行细化设计，包括对设施的型号、尺寸、工艺流程、放置地点等进行详细设计。

一般而言，水利水电工程的环境保护设施和措施的主要目的是实现环境影响减缓，只要不涉及生态流量下泄保障设施等主要环境保护设施和措施的取消，并且能实现环评提出的环境保护目标，都不属于重大变动，可以正常验收。但应在报告中详细说明环境保护措施在设计阶段发生变化的原因，以及变化后是否附合环评对环境保护措施实施的相应要求。

3.5.3.3　调查结果编写

对环境保护措施设计情况的调查，主要是对设计文件中的各项措施如何落实设计的情况进行调查说明，并重点对水利水电工程中主要环境保护措施的设计落实情况进行调查说明，可通过表格的形式表示。

某水电工程的环境保护措施设计落实情况调查结果示例见表 3-8。

表 3-8　某水电工程环境保护措施设计要点

项目	分类	环评提出的环境保护措施	初步设计落实要点
施工期环境保护设计	水环境保护	砂石加工系统废水处理	使用高效（旋流）污水净化法，利用直流混凝、微絮凝造粒、离心分离、动态把关过滤和压缩沉淀的原理，将污水净化中的混凝反应、离心分离、重力沉降、动态过滤、污泥浓缩等处理技术有机组合在一起，在同一罐体内短时间完成污水的多级净化
		混凝土生产废水处理	采用混凝沉淀法，其主要构筑物包括沉砂池、初沉池、二沉池及清水池
		洞室开挖废水处理	前期采用"絮凝沉淀+过滤"并且通过投加混凝剂使悬浮物、石油类废水等污染物处理达标，后期可采用混凝沉淀工艺
		含油废水处理	采用小型隔油池，可直接布置在综合加工厂场内。隔油池设计水平流速均为 0.06 m/s，停留时间为 10 min，隔油池排油除泥周期为 7 d
		基坑废水处理	采用直接向基坑废水内投加混凝剂、助凝剂的处理方法，当 pH＞8.5 时，混凝剂采用硫酸亚铁，助凝剂采用聚丙烯酰胺；当 pH≤8.5 时，混凝剂采用硫酸铝，助凝剂采用聚丙烯酰胺
		生活污水	分散布置了 3 处生活营地，采用成套生活污水处理设备；污水设备由六部分组成，即初沉池、接触氧化池、二沉池、消毒池和消毒装置、污泥池、风机房和风机
		地下水环境保护	上水库库岸除右坝头至右岸条形山约 662 m 范围的地区需要防渗处理外，其他部位不需要做防渗处理；厂房及输水发电系统基本不对地下水渗漏进行封堵，地下水经隧洞（洞室）排水系统外排，施工污染的地下水进入废水处理系统进行处理；下水库大坝心墙采取防渗措施，其他部位不需要做防渗处理

项目	分类	环评提出的环境保护措施	初步设计落实要点
施工期环境保护设计	大气环境保护	施工粉尘	优化开挖爆破方法，采取产尘率低的开挖爆破方法；混凝土搅拌和粉尘控制系统，初选袋式除尘器；砂石料加工系统的破碎筛分设备保证采用全密封环境保护设计，在破碎机的进出口部位采用洒水除尘措施；在施工车辆途经高屋村附近的地方设置限速标志；施工阶段对汽车行驶的路面勤洒水，3～4 次/d
		机器燃油	施工现场的机械及运输车辆使用国家规定的标准燃油；对施工机械及运输车辆进行定期检查、维修，确保施工机械和车辆尾气排放符合环境保护标准；使用优质燃油
		敏感点防护	车速控制；敏感点附近道路非降雨日洒水 3～5 次/d
	声环境保护	噪声源控制	利用施工区地形屏障降噪，利用地形将高噪声设备布置在地势较低的地段，降低噪声向外传播的影响；选用符合国家环境保护标准的施工机械、配备，使用减震坐垫和隔音装置；对破碎机、筛分楼、拌合楼、空压机、制冷压缩机采用多孔性吸声材料建立隔声屏障、隔声罩和隔声间
		传声途径控制	下水库下游进场道路两侧的两个居民点，除采取如减速慢行、禁止夜间施工等噪声源控制措施外，还可考虑采用在靠近公路的地方设置隔声墙的措施
		施工作业人员噪声防护	建筑材料方面应选择具有较强吸声、消声、隔声性能的材料，并安装双层玻璃窗；做好办公区生活区周围的绿化，栽种常绿乔木和种植绿篱
		敏感点防护	为高屋村建立隔声屏障，为受影响的几户临路居民安装隔声门窗；安装隔声窗 4 户，按 1 000 元/户计
	固体废物处置	生活垃圾	在各施工区、办公区及施工人群密集区设置垃圾桶（箱）和果皮箱；无机垃圾堆存在施工营地的生活垃圾收集站，对可回收部分进行分选，剩余的其他垃圾集中后经过压缩，交由地方环卫部门运至垃圾填埋场进行处理
		建筑垃圾	废弃混凝土尽量进行破碎处理，对于不易回用处理的垃圾与生活垃圾一起运至垃圾填埋场
	人群健康保护	人群健康保护措施	施工承包商应对进入施工区的施工人员进行卫生检疫；施工承包商应制订施工人员的免疫计划和建立防疫机构；各类临时用地在开挖、平整、建筑等施工前，选用苯酚通过机动喷雾器进行消毒，对废弃物进行清理
	生态环境保护	植物保护	对下水库区域的猪血木就地保护，在植物外围 1 m 范围内设置隔离带，在枝干上悬挂吊牌，在隔离带内竖立警示牌；对樟树、酸竹、兰科植物进行迁地保护

项目	分类	环评提出的环境保护措施	初步设计落实要点
施工期环境保护设计	生态环境保护	陆生动物保护	采取生态管理等措施
		广东阳春鹅凰嶂省级自然保护区保护	严格施工范围，对临近保护区 500 m 范围内的临时施工道路进行路面硬化处理，并要求在施工结束后及时种植乔灌草；工程占地区域的界限用绳索拦护，并用醒目标志示意；根据动物的生物节律安排施工时间和施工方式，做好爆破方式、数量、时间的计划，并力求避免在晨昏和正午开山施炮
	水土保持设计	略	略
运行期电站环境保护措施设计	—	库底清理	应对清理范围内的污染源进行卫生清理，对清理范围内的房屋及附属建筑物进行拆除；不能利用又易于漂浮的废旧物应运出场外或就地烧毁；不能移植的树木应尽可能齐地面砍伐并清理出场，残留树桩不得超出地面 0.3 m
		库周环境管理	禁止在库周及上游地区圈养禽畜等行为
		水环境保护	运行期生活污水可使用施工期下水库施工生活污水处理设施进行处理；安装及检修期间的漏油可采用油水分离装置（处理能力为 10 m³/h）进行处理，油水分离装置应在机电设备安装前购置并安装完毕
		生态流量保障	上水库施工期下闸蓄水前采用导流洞泄水；上水库在蓄水至生态景观放水管底板高程为 729 m 之前，考虑设置临时水泵，从上水库中抽水放至坝下河段中，抽水流量为生态流量，即 0.058 m³/s；运行期通过生态景观放水管泄放下游生态流量及景观流量，钢管布设在左岸，非溢流坝段为浅埋式，中心高程为 729 m，应设置流量计进行实时监控。下水库施工期下闸蓄水前采用导流洞泄水；下水库初期蓄水阶段利用已有的施工导流隧洞改造成泄放洞，下水库泄放洞建成后，可通过已建成的泄放洞控制，泄放生态流量为 0.16 m³/s，泄放洞改造期间考虑设置临时水泵，从下水库中抽水放至坝下河段中；下水库运行期由泄放洞向下游河道放水
		生态保护措施	电站内工作人员产生的生活垃圾要定点堆放、及时收运、集中处理，不得堆放在保护区范围内；工程完工后做好生态环境的恢复工作；在保护区边界设置界碑、界桩和警示牌，规划新增界碑 10 座，界桩 120 个，警示牌 50 个
		固体废物处理	生活垃圾收集后交由当地环卫部门，再集中运送至生活垃圾填埋场处理

项目	分类	环评提出的环境保护措施	初步设计落实要点
移民安置区环境保护措施设计	一	水环境保护	镇南堡移民生活污水采用人工湿地污水处理工艺，按 250 m³/d 的污水量设计，选址暂定于安置区南侧红线外，停留时间为 2 d，处理达标后排入林地，作为绿化用水；安置区供水水源为八甲镇自来水厂，供水管道由建设西路接入
		大气、声环境保护	在施工作业面范围内配置简易洒水车 1 辆，非雨日洒水 2~3 次/d；禁止在夜间进行高噪声施工作业
		生活垃圾处理	纳入八甲镇的生活垃圾处理系统
		生态保护	充分利用就地土层，以减小土料的开采量，减少取土对植被的破坏
风险防范措施设计	一	施工期风险防范	设置体积与生产废水及生活污水处理量相当的备用事故池；定期和定点对施工区下游水体进行监测
		油库风险防范	应与当地的消防部门建立密切联系，加强储油设施和消防设备的日常检查和管理力度；在储油设施周围地势相对较低处修建事故污水收集池
		炸药库风险防范	与当地消防部门建立密切联系，建立炸药库爆炸、火灾报警系统和临时消防队；在库内设置避雷设施和各类防静电设施；安装突发环境事故报警系统
		运行期水质污染风险防范	在透平油油罐室、透平油处理室外设置油污收集池并配备小型废油收集桶；污水处理系统运行管理人员应加强对处理系统的巡视和水质监控

3.5.4 环境保护措施落实

3.5.4.1 施工期临时环境保护措施调查

施工期临时环境保护措施包括用于防止施工行为造成的环境污染和生态破坏的环境保护措施和建设的环境保护设施。水利水电工程由于施工范围广，施工工期长，其对环境的影响主要发生在施工期间。

（1）水利水电工程施工期间常见的环境保护措施

①地表水环境保护措施。拌合站、混凝土搅拌站、洞室开挖等各类设施和人类活动施工期生产生活排放的废水、污水处理设施。

②大气环境保护措施。包括路面洒水降尘措施、拌合楼防尘系统等。

③陆生生态保护措施。主要包括表土收集与存放措施、施工期防止干扰动物措施、环境保护宣传教育措施、严格控制施工范围措施等。

④水生态保护措施。一般包括鱼类栖息地保护措施、施工避让措施等。

⑤固体废物处置措施。一般包括施工营地生活垃圾处理措施、施工含油废物处置措施、施工废物处理措施等。

⑥噪声防护措施。包括施工机械控制措施、交通控制措施、敏感点的声屏障防护措施及施工时间控制措施等。

（2）调查技术要求

由于水利水电工程建设过程中对环境造成的影响较大，在施工期间需要采取的环境保护措施较多，应对照环评文件，逐一调查核实各项施工期临时环境保护措施的落实情况。

由于与调查时间相比施工期环境保护措施属于"过去式"，无法逐一调查核实落实情况，应重点针对施工期的主要环境保护措施进行调查。这类环境保护措施主要指环评文件批复要求的内容，如环境保护设施建设要求、涉及生态敏感区的环境保护措施要求等。对上述措施要求，应尽可能详细调查核实其落实情况。

（3）调查方式

由于验收调查期间，施工期的临时环境保护措施均已实施，大部分环境保护设施也已拆除。因此，对施工期间的环境保护措施，主要通过以下几个渠道进行调查：

①施工期间的资料记录。包括水土保持监测、监理记录，环境监理记录，施工总结报告，施工过程图片等。

②走访调查。主要通过走访周边居民和施工人员等方式进行调查，了解施工期间临时环境保护措施落实情况。如调查施工期间是否存在夜间高噪声作业情况，可以通过走访周边居民了解；调查施工期间是否实施了生态环境保护宣传措施，

可以通过走访施工人员了解等。

③对未组织环境监理或环境监理工作做得不细致，无法系统调查了解施工期环境保护措施的，可根据由建设单位组织各施工单位提供的施工期临时环境保护措施落实情况的相关资料进行调查，相关资料包括图片资料、环境保护设施设计和运行资料等。

（4）调查结果编写

逐一对应各措施的落实情况，可使用图、表结合的方式编写调查结果。对调查结果的内容应进行量化处理且保证其具体真实。

表 3-9 为某水利工程施工期环境保护措施落实情况调查结果的节选示例。节选的环境保护措施对照环评提出的要求均已落实。

表 3-9　某水利工程施工期环境保护措施落实情况调查结果（节选）

项目	环评报告书提出的主要环境保护措施	环境保护措施的落实情况
生态环境保护措施	①植被保护措施：减少施工临时占地，临时占地禁止布设在林地，加强管理同时减少施工活动对植被的压占及对林木的砍伐，施工结束后及时对裸地进行植被恢复； ②陆生植物保护措施：各施工单位须在施工人员中开展增强野生动物保护意识的宣传工作，杜绝施工人员捕捉工区内蛙类、蛇类、鸟类等行为的发生； ③复垦复绿措施及环境保护要求：施工前表层 20～30 cm 处的熟化土清理堆放在安全地带，用于后期复耕或绿化覆土；弃土区临时占地复垦时要求配套相应的排灌设施	①工程完工后，已对库区开挖面和渣场及时进行了植被恢复，目前植被长势情况良好；项目区包括施工营地在内的临时占地布设于项目区永久占地范围内，未另行征占用地；经咨询监理单位后可知在施工过程中，没有乱砍滥伐、肆意压占植被的行为产生； ②咨询监理单位和建设单位后可知，在施工过程中，没有施工人员捕捉工区内蛙类、蛇类、鸟类等行为产生； ③查阅已验收的水土保持设施报告可知，本工程施工过程中的开挖表土用于后期绿化覆土；临时弃土场也做了场平和相应的排灌、绿化措施；在工程施工过程中，弃渣已作为一种有效的经济资源售出，均通过临时弃渣场中转，因此未出现乱堆乱放、随意倾倒的现象；目前，项目区内临时占地均已完成绿化，且植被长势良好

项目	环评报告书提出的主要环境保护措施	环境保护措施的落实情况
水环境保护措施	①施工生产废水不得排入河流、塘堰等水体,不得在水井等饮用水水源附近清洗施工器具、机械等,防止水环境污染; ②施工区建设排水明沟,雨水收集后经沉砂池沉淀后排放,或用于堆场、料场喷淋防尘、道路冲洗等; ③散料堆场四周应用石块或水泥砌块围出高0.5 m的围堰,防止散料被雨水冲刷流失; ④禁止在水体附近设置施工营地、料场及临时渣场;施工人员的生活污水、生活垃圾和粪便应集中处理,严禁直接排入河流;施工营地条件一般比较简陋,如无卫生设备时,生活污水应设置防止下渗的旱厕集中收集处理,粪便可通过堆肥后用作农田肥料,严禁不加管理任其漫流或排入河流;如设有水冲式厕所,应采用化粪池或一级强化处理工艺,处理后用于农灌;生活垃圾装入垃圾桶定时清运,定期清理化粪池、垃圾坑,施工结束后用土填埋并进行植被恢复; ⑤工地食堂污水需要经过隔油隔渣处理; ⑥合理安排工期工序,尽量减少开挖、回填的土在自然环境下暴露的面积和时间,在雨季到来之前保证施工排水设施的稳定; ⑦钻井泥浆及含油废液严禁未经处理后外排	①无施工废水直接排入河流、塘堰等水体的现象;施工过程中不存在在水井等饮用水水源附近清洗施工器具、机械等污染水环境的行为; ②施工严格落实执行水土保持措施中的排水沟设计要求,在施工区建设排水明沟及沉砂池;施工场区内的渗出水、清洗水、雨水等均排入排水明沟,经沉砂处理后用于场内洒水抑尘; ③散料堆场均设置围堰,或用彩条布覆盖; ④施工过程中,水体附近无设置施工营地、料场及临时渣场等现象;管线施工未设置临时施工营地,施工人员租住附近民房,生活污水、生活垃圾与当地居民一同由市政环卫处理;库区设有施工营地,营地采用水冲式厕所,应用化粪池处理厕所废水,废水经处理后用于附近林地绿化;生活垃圾装入垃圾桶,由环卫部门定期运走; ⑤库区临时施工场地设有隔油池,食堂污水均进行隔油处理; ⑥项目开挖、回填土在雨季不能及时清运的情况下,均用彩布条覆盖,防治水土流失,并确保施工排水设施稳定; ⑦钻井前在井场周围修筑护堤,挖好排水沟及污水池,以防止钻井液、洗井液溢出,污染农田及河流;废泥浆采用水土分离技术进行处理,向废泥浆内加入适当的絮凝剂,使废泥浆完全絮凝,然后通过机械设备使之水土分离,固体可外运,水则用于场地洒水抑尘
大气环境保护措施	实行围蔽施工;在施工过程中,多洒水,多采取防尘抑尘措施;食堂使用液化石油气或电炊具,禁止使用燃油炊具;加强对施工机械、车辆的维修保养,禁止以柴油为燃料的施工机械超负荷工作,减少烟度和颗粒物排放	①管道施工无施工营地布设;库区施工实行围蔽施工; ②施工场地特别是建筑材料堆场附近,均设置防尘网等防尘设施,并定期进行洒水抑尘; ③根据环境监理资料可知,施工道路定期洒水抑尘,运输沙土、水泥等易起尘物料的车辆均有篷布加盖;运输车辆途径居民区等敏感点时采用减速措施以最大限度地减少扬尘产生; ④在施工过程中,施工场地内松散表土定期洒水抑尘; ⑤工地食堂均使用液化石油气,不使用燃油炊具; ⑥施工期间加强对车辆的维修保养,禁止以柴油为燃料的施工机械超负荷工作,减少烟度和颗粒物排放

项目	环评报告书提出的主要环境保护措施	环境保护措施的落实情况
噪声污染防治措施	采取低噪声设备、液压工具代替气压冲击工具进行施工；施工作业时间，避免夜间高强度开挖，尽量做到在夜间 22：00—6：00 不安排施工，如若施工，张贴告示提醒周遭群众；限制车辆种类、车速，运输时间及运输路线等；减少爆破声响对周围群众的影响	①库区施工采取封闭式施工方式，高噪声设备距离敏感点的距离均大于 200 m，且施工区域与周围敏感点之间有较多植被，有效降低了施工对周围居民区的影响； ②采用先进爆破方式，即微差爆破，有效减少了对周围环境的影响；为了避免爆破引起居民惊恐，在每次放炮之前，留下充分的时间通知居民，使他们有充分的心理准备；控制爆破时间，爆破只在白天进行，晚上停止；此外，在装药控制上，采用少装药，大岩石以松动为主，以预防爆破飞石、震动过大等有害现象的出现； ③工程配备有专业环境管理机构对施工进行定期检查，确保各项噪声环境保护措施切实落实到位；环境监理机构定期对施工现场噪声排放进行监测，以确保其满足国家规定的建筑施工场界噪声标准
固体废物处置及管理	建筑淤泥、渣土等固体废物应及时清运到有关部门规定的场地排放；对可再利用的废料，如木材、竹料等，进行回收；对可能产生扬尘的废物采用围隔堆放；施工人员产生的生活垃圾定点存放，由当地环卫部门统一处理	①工程产生的弃渣均运送至项目东侧的弃渣场，做到在施工中不随意抛弃和堆放建筑材料、石料和其他杂物； ②工程本着资源节约原则，尽可能地对废物进行再利用；工程产生的废石卖给惠州市粤旺实业有限公司，由该公司加工后外销再利用； ③施工人员生活垃圾装桶，由环卫部门定期运走

3.5.4.2　保护植物或古树名木保护措施调查

由于水利水电工程一般建于未开发区域，自然环境条件较好。因此，工程建设过程一般会涉及保护植物或古树名木，需要对其进行移植或就地保护。

（1）调查技术要求

应按照环评阶段的调查结果和要求，核实每处需要移植或就地保护的植物在施工过程中的移植、就地保护工作。需要移植的植物，应分析迁入地是否符合其生长需要，并调查植物当前的生长情况。

（2）调查方式

主要通过资料调查、现场调查等方式进行：

①调查移植方案、移植合同文件、就地保护设计方案等材料；

②调查移植验收报告；

③通过现场清点和检查等方式进行验收，逐一核对数量和品种等是否符合环评阶段的要求。

（3）调查结果编写

可对移植方案设计、移植具体过程和移植后的对比情况进行编写。新发现的需要移植的植物应重点说明。

对于就地保护的植物，应说明就地保护的具体工程量、相关保护设计情况等。

某水电工程的重点保护植物保护措施验收调查结果

①就地保护措施

位于下水库大坝西南方向的红锥已设置防护铁架进行围挡，并采取了支撑措施，防止在施工过程中水土流失对其造成影响，并于保护植物上设置了保护标志，防止施工人员破坏它们。当前，这两棵红锥长势良好（图3-10）。

图 3-10　红锥长势良好

②迁地保护措施

a）实施过程概况

2016 年，建设单位委托 A 市国营林场对环评阶段调查发现的保护植物进行迁地保护，具体由 A 市林业局下属的国营林场负责组织实施。

2016 年 4 月，该林场委托某绿化工程有限公司在对现场保护植物进行再次查勘复核的基础上，并在广东省林业科学研究院的技术依托和广东某省级自然保护区管理处的配合下，编制了《某抽水蓄能电站项目珍稀植物迁地保护工程可行性研究报告》。

2017 年 12 月—2018 年 1 月，A 市国营林场组织对 A 市抽水蓄能电站区域的保护植物进行迁移前的调查，核实待迁移保护植物的位置及生长现状，做好迁移前的准备计划，并做好标记。

2018 年 1 月，A 市抽水蓄能电站保护植物迁移工作获得广东省林业厅的批复，随后 A 市国营林场组织开展珍稀乔木移植前的预断根处理。

2018 年 1—2 月，对 A 市抽水蓄能电站保护植物的迁入区，即 A 市国营林场的迁入位置，进行原生苗木的移植，对温室等设施场地进行土地平整。

2018 年 2—3 月，开始进行上水库保护植物的迁移工作，分别对乔木和地被植物进行迁移。为保证成活率，在迁出区和迁入区各安排挖掘班组和种植班组同时进行挖与种的工作，为缩短苗木运输的等待时间，项目采用皮卡车作为运输车辆，最大限度地缩短苗木装卸和滞留时间，还能提高苗木的成活率。本次移植共完成移植的植物品种为 29 种，累计完成移植的植物数量为 20 678 株。

2018 年 3—7 月，完成迁入区全部设施的施工，同时完成设施调试及试用。

2019 年 4 月，A 市林业局、A 市抽水蓄能电站办公室、电站项目部、广东某省级自然保护区管理处等单位部门对该抽水蓄能电站第一阶段保护植物迁移工作进行了验收，一致同意通过验收。

2020 年 12 月—2021 年 3 月，对下水库的 1 株大榕树、1 株水翁、3 株龙眼进行了迁移，迁移位置均为项目现场业主营地。剩余的保护植物拟于下水库蓄水前完成迁移。

b）迁移植物的复核调查

为了顺利推进保护植物迁地保护工作，在实施迁移前，工作人员对某抽水蓄能电站建设环境评价区域开展全面系统的野外保护植物调查、精准定位和挂牌等工作（图 3-11）。根据项目实施阶段的调查核实可知，某抽水蓄能电站共需要迁移植物 19 482 株，主要包括紫纹兜兰、竹叶兰等草本植物及榕树、龙眼及水翁等大树。经调查需要迁移的植物，其具体情况见表 3-10。

表 3-10 某抽水蓄能电站需要迁移的植物种类及数量

序号	植物名称	需要迁移数量/株
1	酸竹	11 377
2	兰花蕉	3 200
3	镰翅羊耳蒜	2 500
4	紫纹兜兰	200
5	竹叶兰	500
6	耳草	200
7	异药花	30
8	绣球茜草	500
9	金毛狗	400
10	黑桫椤	150
11	台湾银线兰（金线莲）	200
12	鼠刺	80
13	建兰	2
14	墨兰	1
15	华南栲	5
16	猪血木	0
17	樟	25
18	油樟	0
19	阳春山龙眼	23
20	巴戟天	5
21	石仙桃	10
22	蛇舌兰	20
23	三蕊兰	3
24	粘木	1
25	对茎毛兰	30
26	心叶球柄兰	2
27	黄兰	3
28	大花地宝兰	1
29	黄花羊耳蒜	3
30	扇唇羊耳蒜	3
31	巴豆	1
32	榕树（大树）	3
33	龙眼（大树）	3
34	水翁	1
合计		19 482

图 3-11　待迁移植物的核实调查与挂牌工作实拍

c）迁入地建设方案概述

为提高移植保护植物的生长率，便于做好迁移后的管护工作，本次某抽水蓄能电站的保护植物全部迁往 A 市国营林场（图 3-12）。

为使迁地种植的保护植物能更好地生长发育，根据气候特点，首先在迁入地内进行功能分区，按照各种植物的生态学及生物学特性选择适宜的小生境，创造适宜植物生态习性的、温凉湿润的生态环境；其次是在保护植物之间种植其他速生树种，以创造某些灌木、蕨类等保护植物生长所需的自然环境条件。

图 3-12　某林场迁入地场地平整施工

　　d）迁入地自然环境情况

　　迁入地选址于某林场月光潭工区，中心点地处东经111°32′00″，北纬21°55′48″；属于山地丘陵地形，地势平缓开阔，平均坡度为6°；属南亚热带气候类型，年平均温度为22.1℃，极端最低温为–1.8℃，极端最高温为38.4℃；年降水量为3 428.9 mm，最高纪录为4 752.2 mm；土壤主要以红壤、赤红壤为主，pH为4.8。迁入地位置适宜，自然条件优越。从气候和生境条件看，是十分理想的场所。根据德国迈依尔提出的"气候相似论"：木本植物引种成功的最大可能性在于树种原产地和新栽培地气候条件有相似性。迁地栽培珍稀植物，应尽可能地把这些植物移至与它们原生境相似的生态环境条件中。所以选择和创造适宜的生境是进行成功移植的关键。某林场月光潭工区建设迁入地与保护植物原生分布区直线距离为3～6 km，几乎与保护植物原生地处在同一纬度线上。拟建迁入地的自然条件对于迁地保护植物适宜性高。

　　e）迁入地改造建设

　　为保证迁移后保护植物的存活率，对迁入地的4个功能区进行改造，建设面积为600 m²的智能温室、440 m²的大型遮阳棚、90 m²的硬顶大棚，并配备工具房、仓库，配套集水和排水设施、喷灌设施、道路和配电设施，以营造保护植物异地迁移的栖息环境。

　　f）移植实施方法

　　略。

　　g）植物迁移情况统计

　　移植植物品种34种，累计完成移植植物数量为19 482株，除下水库1株大榕树、1株水翁、3株龙眼移植至业主营地外，其余植物均移植至某林场月光潭工区。某林场植物迁移种植区外观、部分移入植物生长情况、永久征地移入植物生长情况分别如图3-13～图3-15所示。

图3-13　某林场植物迁移种植区外观

a. 迁移植物总览图

b. 黄花羊耳蒜、扇唇羊耳蒜　　　　　　　　c. 建兰、墨兰

d. 金毛狗　　　　　　　　　　　　e. 兰花蕉

f. 酸竹　　　　　　　　　　　　　　g. 绣球茜草

h. 紫纹兜兰　　　　　　　　　　　　i. 金线莲

图 3-14　某林场部分移入植物生长情况

a. 业主营地樟树

b. 某施工营地古榕树及水翁

图 3-15　永久征地移入植物生长情况

3.5.4.3　生态补偿（支付）措施

根据《中华人民共和国森林法》《中华人民共和国森林法实施条例》《中华人民共和国渔业法》等有关法律法规的规定可知，开发建设项目占用生态林地或对渔业资源有严重影响的，应当进行生态补偿，支付赔偿资金。当前，负责渔业资源补偿工作的部门为当地的农业农村部门，而林业资源费用征收（陆生生态资源补偿）的负责部门为林业部门。

（1）调查技术要求

生态补偿费用，一般是在项目用地审批期间由相关职能部门确定，由建设单位在工程实施过程中逐笔支付。支付补偿费用后，当地财政部门将开具收据或发票作为支付凭据。因此，对生态补偿费用支付情况的调查，应在调查确定占地情况、渔业资源影响情况的基础上，调查实际支付合同和支付凭据。

〈知识点延伸〉

《中华人民共和国渔业法》第三十二条规定："在鱼、虾、蟹洄游通道建闸、筑坝，对渔业资源有严重影响的，建设单位应当建造过鱼设施或者采取其他补救措施。"第三十五条规定："进行水下爆破、勘探、施工作业，对渔业资源有严重影响的，作业单位应当事先同有关县级以上人民政府渔业行政主管部门协商，采取措施，防止或者减少对渔业资源的损害；造成渔业资源损失的，由有关县级以上人民政府责令赔偿。"

《关于开展生态补偿试点工作的指导意见》（环发〔2007〕130 号）中提出的基本原则为"谁开发、谁保护，谁破坏、谁恢复，谁受益、谁补偿，谁污染、谁付费"。

《中华人民共和国森林法实施条例》第十六条规定："勘查、开采矿藏和修建道路、水利、电力、通讯等工程，需要占用或者征收、征用林地的，必须遵守下列规定：（一）用地单位应当向县级以上人民政府林业主管部门提出用地申请，经审核同意后，按照国家规定的标准预交森林植被恢复费，领取使用林地审核同意书。用地单位凭使用林地审核同意书依法办理建设用地审批手续。占用或者征收、征用林地未经林业主管部门审核同意的，土地行政主管部门不得受理建设用地申请。（二）占用或者征收、征用防护林林地或者特种用途林林地面积 10 公顷以上的，用材林、经济林、薪炭林林地及其采伐迹地面积 35 公顷以上的，其他林地面积 70 公顷以上的，由国务院林业主管部门审核；占用或者征收、征用林地面积低于上述规定数量的，由省、自治区、直辖市人民政府林业主管部门审核。占用或者征收、征用重点林区的林地的，由国务院林业主管部门审核。（三）用地单位需要采伐已经批准占用或者征收、征用的林地上的林木时，应当向林地所在地的县级以上地方人民政府林业主管部门或者国务院林业主管部门申请林木采伐许可证。（四）占用或者征收、征用林地未被批准的，有关林业主管部门应当自接到不予批准通知之日起 7 日内将收取的森林植被恢复费如数退还。"

（2）调查方式

主要调查由建设单位财务部门保存的、当地人民政府财政部门提供的生态补偿费用付款收据等凭证。部分项目在验收阶段仍未支付补偿费用的，应与当地农业农村部门或林业部门取得联系，沟通补偿事项；未对支付事项进行记录或支付资料缺失的，可致函相关部门提供凭证。

（3）调查结果编写

应对生态补偿的依据、支付过程和付款凭证进行调查和说明。

某水电工程的生态补偿调查结果示例

根据本工程使用林地可行性报告的测算，本工程使用林地面积为 183.133 7 hm^2，按照异地造林面积不少于原面积原则的要求，原深圳市绿化委员会办公室应就近规划面积不少于 183.133 7 hm^2 的无林地或疏残林进行造林和改造。在实际建设过程中为了节约用地，森林用地面积减少，根据《中华人民共和国森林法》《中华人民共和国森林法实施条例》和《广东省林地保护管理条例》等的相关规定，目前已向原广东省林业厅支付森林植被恢复费用 4 笔，合计约 498.8 万元（表 3-11）。

表 3-11　某水电工程生态补偿费用明细

缴费时间	金额/元
2012 年 4 月 13 日	4 708 200.00
2013 年 8 月 23 日	65 700.00
2017 年 1 月 17 日	27 696.00
2017 年 3 月 17 日	186 400.00
合计	4 987 996.00

3.5.4.4　增殖放流措施

依据《关于开展生态补偿试点工作的指导意见》（环发〔2007〕130 号）可知，建设单位应对工程建设造成的渔业水产损失进行生态补偿，包括渔业资源损失费用、地方渔民的经济补偿费用、渔政管理费用等；开展渔业资源恢复工作，每年定期增殖放流，缓解工程建设对渔业水产的影响。

（1）调查技术要求

主要调查是否按照环评文件要求的时间、鱼类品种和数量进行增殖放流工作，以及增殖放流过程是否符合相关法规要求，是否向当地渔业行政主管部门提出了申请。

（2）调查方式

主要调查增殖放流实施方案、鱼类采购合同、增殖放流工作验收合同或工作报告、增殖放流过程图片等材料。

（3）调查结果编写

应对增殖放流的时间、流程进行编写，并对增殖放流的鱼类品种、数量等进行列表核对；同时分析它们是否符合环评文件对增殖放流现阶段的要求。

某水利工程增殖放流工作的调查结果示例

从 2007 年起，建设单位开始在养殖库区定期投放鱼苗，并不断增加鱼类养殖种类。调查显示，建设单位每年组织 1～2 次放流活动，每年投放鱼苗 100 万尾（表 3-12）。

表 3-12　增殖放流情况一览表

任务年份	常规品种/万尾						当地土著名优品种/万尾			总量/万尾
	青鱼	草鱼	鲢	鳙	鲤	鲮	赤眼鳟	倒刺鲃	黄颡鱼	
2007	6	5	14	50			15	2	8	100
2008	6	10	14	45			5		20	100
2009	2	15	20	50			5	5	3	100
2010	6	5	20	50			15	2	2	100
2011	6	5	20	50			15	2	2	100
2012	6	5	29	48	5		5	2		100
2013	2	13	20	50	5		5	5		100
2014	5	15	15	55	3		5	2		100

近年来（2018 年之前），参与过本项目增殖放流的单位包括自治区水产畜牧兽医局、市委、市人民政府、区人民政府、水电设计院、市水产畜牧兽医局、市水利局、市发展改革委、市财政局、市公安局、市环境保护局、市移民办公室、镇人民政府、乡人民政府、电视台等。

近年来，放流地点为某区某镇河段、某镇某村渡口、某镇某村河段、某河、某镇码头附近。

3.5.4.5　施工期环境监测

为了及时把握建设项目在施工建设过程中对环境的影响情况，同时为调整建设项目环境保护策略提供科学的数据支撑，水利水电工程一般要在建设过程中进行施工期环境监测工作，由建设单位委托具有相应资质的环境监测单位对水环境、大气环境、声环境和生态环境等进行监测。

（1）调查技术要求

主要调查施工期需要开展监测的项目、监测时间和频率、监测点位等是否符合环评要求，并调查环境监测实施单位是否具备相应资质。实际监测情况与环评阶段发生变化的，应调查变化原因，并分析变化后是否有不利因素产生及其消除方式。

（2）调查方式

主要通过调查监测方案、监测报告（所有）等资料进行，并核查监测实施过程的照片。

（3）调查结果编写

需要简述施工期环境监测的过程、实施单位及其资质情况，并列表说明每项的实际监测情况，分析它们是否符合环评要求。

某水利工程施工期水环境监测落实情况调查结果示例

根据施工期环境监测报告，××蓄能水电站于 2009 年 10 月—2017 年 6 月委托深圳市某检测技术股份有限公司对工程施工期水环境进行监测，主要对施工期水环境影响区域、施工废水、生活营地生活污水，以及施工期饮用水水源进行监测。按照施工计划和监测计划，2016 年 12 月—2019 年 12 月，分别对铜锣径水库、响水河入库断面和主坝围堰断面进行监测；三洲田水库断面于 2012 年 6 月—2013 年 2 月进行监测；小三洲田水库断面在 2012 年 6 月—2018 年 12 月进行监测；骆马岭水库断面在 2012 年 6 月—2015 年 12 月进行监测；上水库断面在 2015 年 6 月—2019 年 12 月进行监测。表 3-13 为施工期监测落实情况。

表 3-13　施工期监测落实情况

监测类型	监测断面/点	监测项目	监测周期、时段及频率	环评相符性
地表水水质监测	铜锣径水库：响水河入库断面、主坝围堰断面 三洲田水库：三洲田汇水上库汇水点 小三洲田水库：施工生活用水水源取水口点和汇入骆马岭水库的进水断面	水温、pH、溶解氧（DO）、高锰酸盐指数（COD_{Mn}）、化学需氧量（COD_{Cr}）、五日生化需氧量（BOD_5）、氨氮、总氮（TN）、总磷（TP）、铜、锌、氟化物、硒、砷、汞、镉、六价铬、铅、氰化物、挥发酚、石油类、硫化物、阴离子表面活性剂、粪大肠菌群、悬浮物（SS）、铁、锰 27 项； 对响水河入库断面、三洲田水库出水口断面和汇入骆马岭水库的进水断面进行以上 27 项监测，其余断面不做重金属的监测	铜锣径水库断面在围堰完成后的蓄水初期加大监测频率，每周监测 1 次，每次监测 1 d，水质稳定后每月 1 次，每次监测 1 d；三洲田水库水质每月监测 1 次，小三洲田水库水质每月监测 1 次，在第一台机组投入运营后，加密监测每天监测 1 次，水质稳定达标后，每月监测 1 次，以上监测均每次监测 1 d	基本一致；第一台机组投入运营后加密监测次数
生产废水监测	上、下水库主坝基坑排水口和下水库进出水口基坑（3 个）、砂石料加工系统废水处理出水口（1 个）、混凝土拌合楼冲洗水处理出水口（2 个）、地下厂房排水口（1 个）、汽车保养和机械修理废水（2 个）、交通洞口、通风洞口和施工洞口（3 个）监测点	pH、石油类、SS	每月监测 1 次，每次监测 1 d，高峰时加密监测	一致

监测类型	监测断面/点	监测项目	监测周期、时段及频率	环评相符性
生活污水监测	上水库工区生活营地 1 个监测点	pH、SS、COD$_{Cr}$、石油类	每月监测 1 次，每次监测 1 d	一致
大气环境监测	上水库工区、下水库工区、通风洞工区、石料筛分场、施工支洞洞口和简龙村靠施工区一侧，共 6 个监测点	二氧化硫（SO$_2$）、二氧化氮（NO$_2$）、可吸入颗粒物（PM$_{10}$）、总悬浮颗粒物（TSP）	每年雨季、旱季各监测 1 次，每次连续监测 5 d，每天监测持续 12 h	一致
声环境监测	上水库工区设置混凝土拌合系统和副坝监测点、下水库工区设置在简龙村靠施工区一侧的监测点和施工现场监测点，以及砂石料加工系统、福田村靠施工区一侧、东部华侨城靠施工区一侧、施工支洞监测点，共 8 个监测点	A 声级及等效连续 A 声级	简龙村靠施工区一侧、福田村靠施工区一侧和东部华侨城靠施工区一侧监测点施工期每月监测 1 次，每次监测分昼间、夜间两个时段，每个监测点每个时段连续监测 2 h；其余 5 个监测点在施工期间共进行两次监测（施工期第一年和施工高峰期），每次昼间监测 4 次，夜间监测 2 次，每个监测点每次监测持续 2 h	基本一致；增加了华侨城监测点

3.5.5　环境保护设施调查

3.5.5.1　鱼类增殖站调查

（1）调查技术要求

鱼类增殖站调查主要包括以下几个方面的内容：增殖站的建设位置是否与环评及其批复相符；增殖站的建设时间是否符合项目的实际使用需求；增殖站的建设规模是否达到环评的生产能力要求；增殖站的配套设施是否满足增殖品种的增殖培育要求。

（2）调查方式

主要通过调查增殖站建设的施工合同文件、设计说明文件、竣工图文件、工程验收文件、运行过程文件等资料的方式进行。

（3）调查结果编写

调查结果应详细说明增殖站的建设过程，并分析增殖站建设和使用的可行性。

某水利工程鱼类增殖站的验收调查情况实例

①复核环评及其批复要求

复核环评要求渔业增殖站选址计划设于 A 地至 B 地间，增殖站的主要功能是便于人工繁殖各类鱼苗，并培育成大规格鱼种，以满足库区增殖放流及移民养殖生产的需要。增殖鱼种主要为白甲鱼、鲮、卷口鱼、倒刺鲃、岩鲮等受工程建设影响的鱼类，以及名贵经济鱼类（如桂华鲮等）；同时引进冷水性鱼类虹鳟，引进、增殖太湖新银鱼。按规定投放大规格鱼种 100 万尾/a。环评批复要求鱼类增殖站运行费用由业主承担。

②渔业增殖站建设情况

某水利枢纽工程渔业增殖站位于头塘镇，占地面积 223 亩①，总投资 655 万元（其中征地、基础设施建设等投资 615 万元，初期运行费 40 万元）。建设内容包括鱼塘、蓄水池、亲鱼产卵室、孵化室、孵化环道、跌水式串联孵化槽、特种养殖车间、抽水泵房和高位水池、职工宿舍楼、标志性大门、变电房、仓库、食堂、公厕、电力系统、交通工具、渔具和网具、实验室仪器设备，以及办公用品和电话安装、生产设备及安装、场地绿化等。其建设规模可满足放流大规格鱼种 100 万尾/a 的要求。图 3-16 为渔业增殖站现场情况。

③增殖站运行管理

某鱼类增殖站由某水利开发有限责任公司投资建设，目前建设单位已委托某市水产畜牧兽医局负责增殖站的运行管理工作。

④增殖站措施的有效性及存在的问题分析

从渔业增殖站的建设规模、增殖放流的鱼种和放流地点来看，增殖站的规模能满足放流所需的鱼苗量；放流鱼种主要为受水利枢纽工程影响较大的鱼种如倒刺鲃，

---

① 1 亩≈0.066 7 hm²。

以及产漂流性卵的鱼类如赤眼鳟、四大家鱼[①]等，基本满足环评复核报告和环评批复的要求。该措施能满足某水利枢纽工程渔业增殖的要求，对维持右江水生生态系统的平衡起到了一定的正面作用。

　　受鱼类增殖技术的限制，增殖放流站增殖放流鱼种有限，下一阶段的工作是尽快掌握岩鲮等土著鱼类的人工繁殖技术；在掌握繁殖技术的前提下，补充放流卷口鱼、白甲鱼、岩鲮等土著鱼类，弥补水生生物多样性减少的损失。

图 3-16　渔业增殖站

3.5.5.2　过鱼设施调查

（1）调查技术要求

主要调查过鱼方式、过鱼设施建成时间和建成规模是否符合环评及其批复的要求。

（2）调查方式

主要调查工程设计材料、施工材料及分部工程验收材料。

（3）调查结果编写

应附上过鱼设施的设计图、工程竣工图片和实拍图片。

3.5.5.3　野生动物通道调查

（1）调查技术要求

主要调查通道的位置设置、大小及配套工艺设计是否符合环评的要求。

---

① 四大家鱼为青鱼、草鱼、鲢鱼、鳙鱼。

（2）调查方式

通过设计及验收资料调查、现场调查等方式进行环境保护验收调查。

（3）调查结果编写

应附上实拍图片、工程设计规模文件等材料。

3.5.5.4　生态流量下泄措施调查

（1）调查技术要求

应调查生态流量下泄的方式、规格、位置是否符合环评的要求。

（2）调查方式

主要调查施工设计图、工程验收材料，以及施工过程报告。如使用生态放流管进行放流，由于放流管为隐蔽工程，应尽量收集施工期间的施工图片对其进行调查；如使用发电机组进行放流，则需要进行现场调查核实。

（3）调查结果编写

应说明建设过程，附上相关图片、参数资料等，并评价它们是否符合环评的要求。

某水电工程的生态流量下泄措施的验收示例

根据调查，上水库在调查前已于白水水库设置了临时泵站，共设置 2 台水泵（表3-14），功率分别为 45 kW 和 75 kW，并分别采用管径为 100 mm 和 150 mm 的管道抽排，最大下泄流量可达 0.9 m^3/s，满足生态下泄流量的要求。临时泵站用于在蓄水过程中从上水库抽水放至下游河道，保障下游河道在蓄水过程中的水生生态需水流量（图 3-17）。

表 3-14　临时泵站

临时泵站名称	水泵型号	水泵功率/kW	水泵扬程/m、流量/（m^3/h）	管径/mm、长度/m
左侧临时泵站	250QJ125-80-45	45	70、130	100、550
右侧临时泵站	250QJ200-80-45	75	70、200	150、500

图 3-17　上水库临时泵站

　　在调查前已完成位于左岸非溢流坝段在高程 729.7 m 处的生态景观放水钢管的铺设工作。放水钢管设计流量为 1.51 m³/s，进口中心高程为 730 m，低于上水库死水位 745 m，钢管全长为 91 m，内径为 0.6 m。放水管进口前缘设置了一道拦污栅，拦污栅的规格为 1.2 m×1.6 m。上水库生态景观放水钢管施工过程如图 3-18 所示。

图 3-18   上水库生态景观放水钢管施工过程情况

生态流量放水钢管的出口泄放阀门采用锥形排放阀，锥形排放阀具有较高的流量系数，其排放流量系数与阀门开度近似呈线性关系（图 3-19）。阀门由智能一体化电动执行机构操作，其开度由多回转行程传感器测量，精度达毫米级，可满足泄放流量调节要求。泄放阀门的开度和上水库水位信号采用在线监控的连接方式，泄放阀门的开度和上水库水位数据传回中控室并进行自动计算后，可准确得出生态流量管排放流量，以实时监控生态景观流量是否符合要求。图 3-19 为上水库生态景观泄放锥形阀流量系数和开度关系。

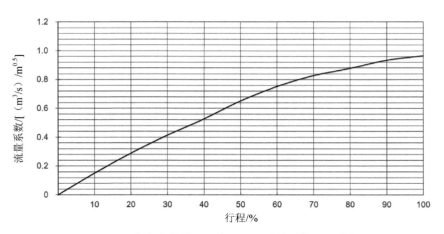

图 3-19   上水库生态景观泄放锥形阀流量系数和开度关系

3.5.6　环境影响调查

3.5.6.1　验收阶段环境影响监测要点

（1）水污染源监测

①必要性

环境保护验收主要是进行环境保护设施的验收，环境保护设施是否合格应从达标监测中判断，因此，所有排污口均应进行监测。如《建设项目竣工环境保护验收技术规范　生态影响类》（HJ/T 394—2007）提出，"一般可仅进行排放口达标监测"；《建设项目竣工环境保护验收技术规范　水利水电》（HJ 464—2009）提出，与工程有关的水污染源要进行达标监测。

②监测布点

《污水监测技术规范》（HJ 91.1—2019）和部分污染类建设项目验收规范，如《建设项目竣工环境保护验收技术规范　港口》（HJ 436—2008），一般会要求对污水处理设施的处理效率进行监测，即在污水处理设施的进/出水口设置监测点，监测污水处理设施是否正常运行，其运行效率如何。但 HJ/T 394—2007 中只提及达标监测，在石油和天然气开采、矿山采选等行业的建设项目中，必要时需要进行废水处理设施的效率监测；同样 HJ 464—2009 中也只提出污染源达标监测。在水利水电类项目的水污染源监测中，这些技术规范没有明确要求进行处理设施效率的监测，仅要求进行达标监测，即在出水口设点进行监测即可。可能这是考虑到水利水电类的项目水污染源强较低，日常生产中没有大量废水排放，大多为生活污水排放，其水质稳定且变化不大，只需要确认生活污水在运行期内为达标排放即可。

综上所述，水污染源监测只需要在排放口进行达标监测即可，不需要进行处理设施效率监测，但应对所有污水处理设施排放口进行取样监测。

③监测频率

关于水污染源的监测频率，HJ/T 394—2007 及 HJ 464—2009 均无明确的要求，所以应参考环评中的要求；如果环评中也没有明确要求，则参考环评中关于水污染源达标相关标准中的要求；如果相关标准中均无明确要求，则应参考 HJ 91.1—2019

的要求。

在非广东省的项目中，污水排放一般执行《污水综合排放标准》（GB 8978—1996）中的要求：①对工业废水监测频率的要求是生产周期在 8 h 内的，每 2 h 采样 1 次；生产周期大于 8 h 的，每 4 h 采样 1 次；②对于其他污水监测频率，则要求 24 h 内不少于 2 次采样；③对排放浓度值计算的要求为"最高允许排放浓度按日均值计算"。按照 GB 8978—1996 的要求，水利水电项目的非生活污水应每 4 h 进行 1 次混合样采集；生活污水则按每天至少 2 次的要求进行样品采集；计算结果为日均值。

在广东省的项目中，部分项目的出水标准需要达到广东省《水污染物排放限值》（DB 44/26—2001）的要求。在 DB 44/26—2001 中，对采样频率的要求是按照原国家环境保护总局的验收技术要求进行，所以对验收项目没有提出其他监测频率要求；采样要求与 GB 8978—1996 一致，即工业生产周期在 8 h 内的，每 2 h 采样 1 次；生产周期大于 8 h 的，每 4 h 采样 1 次；其他污水，24 h 不少于 2 次采样；最高允许排放浓度按日均值计算。

依据 HJ 91.1—2019 的规定，采样频次首先按照排污许可证、排放标准、环评文件及其审批意见的规定进行监测，若上述材料中无规定，则"生产周期在 8 h 以内的，采样时间间隔应不小于 2 h；生产周期大于 8 h，采样时间间隔应不小于 4 h；每个生产周期内采样频次应不少于 3 次。如无明显生产周期、稳定、连续生产，采样时间间隔应不小于 4 h，每个生产日内采样频次应不少于 3 次。排污单位间歇排放或排放污水的流量、浓度、污染物种类有明显变化的，应在排放周期内增加采样频次"。另外，HJ 91.1—2019 中提出混合水样和瞬时水样的采集要求，在污染物性质不稳定、间歇排水、需要考察可能存在的污染物、需要得到污染物最高值及最低值、需要确定污染物变化特征等的情况下采集瞬时水样；而在需要计算平均污染物浓度和单位时间污染物质量负荷、污水特征变化大等的情况下则采集混合水样。水利水电项目的污水排放一般为水电项目中维修期的地面清洗污水排放，为不连续排放，因此应采集瞬时水样。按 HJ 91.1—2019 的要求，水利水电工程的工业废水（如含油废水处理设施）至少应按 24 h 内采样 3 次且时间间隔为 4 h 以上的采样频次进行；生活污水也按上述要求进行采样，采集瞬时水样即可。

综上所述，水电水利项目的水污染源采样频次，应首先依据环评中运行期环境监测的采样频次要求进行；若环评未明确频次的，按环评对污水排放执行标准中的规定进行采样；若排放标准中没有明确频次的，则按 HJ 91.1—2019 的要求进行采样。

④监测因子

相关标准中未提出水污染源的监测要求，一般依环评中要求污水排放执行的标准及污染因子而定。应特别注意按执行标准中的包含项目进行监测，否则无法进行监测结果的评价。

（2）地表水监测

①必要性

对于水利工程，HJ/T 394—2007 的 6.5.2 小节提出，港口（或水利）项目应考虑水环境质量、底泥（质）监测。而对于水电项目，HJ 464—2009 的 6.6.2.1 小节则明确提出要监测与工程相关的地表水环境质量，且必要时还需要进行地下水质量、底泥、水温、富营养化、气体过饱和等方面的专项监测。因此，对于水利工程，如涉及敏感水体或施工对水的扰动较大，同时在环评中提出了水环境影响专项评价并提出了地表水环境的影响预测，应进行地表水环境质量监测；而水电项目则必须进行地表水环境质量监测。

②监测布点

对于水利工程中地表水环境质量监测的布点，HJ/T 394—2007 没有提出明确要求，但在 6.5.3.3 小节中提出要"评估工程建设和污水排放对环境敏感目标的影响程度"。为落实这一要求，水利工程涉及的地表水应在以下位置布点：a. 运行期污水排放口附近；b. 工程影响范围内的水环境敏感目标，水环境敏感目标由项目环评中的环境敏感目标分析确定；c. 综合考虑环评中的监测布点位置，以便进行对比评价；d. 项目背景断面。另外，项目对工程影响范围内环境敏感目标的主要影响发生在施工期，若施工期对环境敏感目标进行了设点监测且监测结果一直为达标，验收期可适当减少监测；若施工期没有进行监测，或施工期进行了监测但其结果一直超标，则验收期需要进行监测，以验证其影响是否消除。

根据 HJ 464—2009，水电项目可依据水库工程中的要求，地表水监测范围应包含库区、库湾、敏感支流和大坝下游，并按《地表水和污水监测技术规范》

（HJ/T 91—2002）的要求确定布点。HJ/T 91—2002 中主要提出监测断面布设原则、布设方法和每个断面采样点位的确定。因此，水电项目应该在以下地点进行监测：a. 水库的库区、库湾、与水库相关的敏感支流和大坝下游敏感水体进行布点监测；b. 污水排放口的水体附近；c. 若项目有排水的情况，则应在排水口的上下游布点，通过采样监测分析项目排水对水体的影响情况。断面上的采样点依据 HJ/T 91—2002 而定。

③监测频率

HJ/T 394—2007 没有对水利工程中的水环境质量监测频次提出要求；HJ 464—2009 则提出，水电工程的监测频率要根据 HJ/T 91—2002 和工程的水环境影响特征确定，水利工程也可参照执行。

HJ/T 91—2002 的 4.2 小节未明确提出地表水环境质量监测的采样频次要求，但提出了采样频次原则，即"依据不同的水体功能、水文要素和污染源、污染物排放等实际情况，力求以最低的采样频次，取得最有时间代表性的样品，既要满足能反映水质状况的要求，又要切实可行"。

一般来说，为了综合反映地表水的水质状况，需要进行丰期、平期、枯期的采样分析。但由于项目验收一般时间不宜太长（3 个月），地表水环境质量监测数据以施工期数据为主，验收期仅对一个时期进行采样验收，且该时期与项目竣工时期有关。

另外，由于水利工程及水电工程中的污水排放主要为生活污水排放，属于连续稳定的排放，无须进行多次监测验收。

因此，针对验收期的地表水质量监测，水利工程及水电工程只需采样 1 次即可满足验收评价要求；但为了保证数据的准确性，一般采集 2 d，每天采集 1 次。

④监测因子

验收规范中均未明确地表水水质监测的监测因子，所以应综合考虑环评中的现状监测因子，施工期特征污染物、排放口污染物特征等。施工期的水质影响一般为生活污水排放及施工扰动造成的地表水影响，运行期的一般为生活污水及含油废水排放。因此一般监测因子应包含悬浮物、生化需氧量、化学需氧量、溶解氧、石油类、粪大肠菌群、氨氮等。如果在环评阶段发现工程项目可能会造成重金属污染，应同时进行重金属监测。

（3）地下水质量监测

①必要性

HJ/T 394—2007 的 6.5.2 小节提出港口（或水利）项目应考虑水环境质量监测；而 HJ 464—2009 的 6.6.2.1 小节则提出，对水电类项目必要时还需要进行地下水质量监测。这些规范没有对地下水质量监测提出明确的要求，工程项目应根据实际情况考虑是否需要进行地下水环境质量监测。具体需要考虑以下两点：a. 环评阶段的预测认为项目是否会对地下水造成一定的影响；b. 在施工过程中的施工工艺或实际项目建设过程是否会对地下水造成污染。

②监测布点

与地表水环境质量监测一样，HJ/T 394—2007 没有对水利工程中的地下水环境质量监测布点提出明确要求，仅提出要"评估工程建设和污水排放对环境敏感目标的影响程度"。因此，水利项目的地下水环境监测布点主要考虑以下几个位置：a. 环评提出的项目可能会造成地下水污染的水体位置；b. 项目影响范围内的地下水环境敏感点；c. 项目实际可能会造成影响的地下水位置。

HJ/T 91—2002 没有提出水电项目的地下水环境质量监测布点要求，其布点可参考上述水利项目的位置。

③监测频率

HJ/T 394—2007 和 HJ/T 91—2002 均未提出地下水环境质量的监测频率要求，由于地下水的流动性小，变化少，如需监测，可采样 1 次。

④监测因子

根据项目可能造成的污染因子确定监测因子。

（4）底泥（质）监测

①必要性

对底泥（质）进行监测，主要是为了分析工程建设后底泥（质）中重金属的释放对水体的影响。HJ/T 394—2007 的 6.5.2 小节提出了港口（或水利）项目应考虑底泥（质）监测；HJ 464—2009 提出水电项目在必要时可根据项目情况进行底泥（质）的专项监测。所以底泥（质）监测不是必要的环境质量监测，首先应该分析项目建设后底泥中重金属的释放对水环境质量的影响情况，其次考虑由于环评阶段进行了底泥（质）监测，验收阶段为了对比项目建设前后河道底泥（质）

的变化情况，需要进行项目的底泥（质）监测。

②监测布点

布点位置主要综合考虑以下两点：a. 环评阶段的监测布点位置；b. 项目施工造成扰动的位置。

③监测频率

相关标准中未明确监测频率，考虑到底泥（质）在同等条件下的变化较小，所以在验收期间采样 1 次即可。

④监测因子

为便于对比，在分析重金属释放到水体中的情况时，监测因子应与环评阶段保持一致。

（5）废气监测

①必要性

HJ/T 394—2007 的 6.6.2 小节中提出一般可仅考虑进行有组织排放源和无组织排放源监测，同时要求航运等项目在必要时应进行废气处理设施效果监测。而 HJ 464—2009 的 6.7 小节则明确提出水利水电项目的大气环境影响调查主要为"施工期回顾影响调查"，调查的是施工期大气污染源和大气环境质量监测结果，只有在运行期于办公生活区安装锅炉的情形下，才需要调查锅炉的达标排放情况。

因此，在水利水电项目中除运行期于办公生活区安装锅炉的情况外，验收期一般无需进行废气监测。其中，水利项目除非项目环评中明确提出运行期废气处理设施需要进行处理效果监测，否则主要对船只进行废气无组织排放监测即可。

②监测布点

废气处理设施运行效果的监测点应根据具体的处理设备，按照相应的标准进行设置。

水利工程属于线性工程，涉及范围较大，因此其无组织排放监测布点可针对环评中进行大气环境评价时的重点废气无组织排放的污染位置，进行布点监测。具体监测点按照《大气污染物无组织排放监测技术导则》（HJ/T 55—2000）的要求进行设置，一般设置于排放源下风向 2～50 m 处的浓度最高点，并于上风向 2～50 m 处设参照点，具体布点按照 HJ/T 55—2000 中的方式进行。

③监测频率

相关标准中未明确监测频率要求,HJ/T 55—2000 中仅要求连续采样 1 h 以上。参考《建设项目竣工环境保护验收技术指南　污染影响类》6.3.4 小节的要求,可采用不少于 2 d、每天不少于 3 个样品的监测频次方案进行。

④监测因子

可根据环评中确定的污染因子确定监测因子。

(6) 空气环境质量监测

①必要性

HJ/T 394—2007 的 6.6.2 小节提出,在环评文件或环评审批文件中有特殊要求的情况下,或在工程影响范围内有需要特别保护的环境敏感目标,或有工程试运行期引起纠纷的环境敏感目标的情况下,需要进行环境空气的质量监测。而 HJ 464—2009 没有要求进行验收期的空气环境质量监测。

水利工程会增加船舶运行量,船舶排放的废气可能会造成大气污染,因此,水利工程一般应进行空气环境质量监测;水电工程运行期则不需要进行监测,但建议引用当地的空气质量监测数据,间接说明项目的空气质量影响情况。

②监测布点

根据 HJ/T 394—2007 中 6.6.2 小节的要求,大气环境质量监测内容包括"需特别保护的环境敏感目标"和"工程试运行期引起纠纷的环境敏感目标",所以一般选择项目周边的一类声环境敏感点,以及距离水利工程或船闸较近的环境敏感点,特别是对医院、学校等场所进行选择性监测。

③监测频率

相关标准中均没有明确监测天数,仅提出按照满足数据有效性的最低要求执行即可。

参考《建设项目竣工环境保护验收技术指南　污染影响类》的要求,建议水利工程空气环境质量监测按照一般不少于 2 d 的要求进行。

因此,建议监测天数优先考虑顺序为:环评文件有要求的按环评文件要求进行;环评文件没有要求的,按最低监测 2 d 的要求进行。

④监测因子

环评文件中对验收阶段提出要求的采用环评文件提出的监测因子进行监测;

环评文件没有提出要求的采用环评中提出的污染因子进行监测；均未提及的，可以采用常规指标进行监测。

（7）声环境监测

①必要性

对于水利项目，HJ/T 394—2007 未提出明确的声环境监测要求，仅提出"具有明显边界（厂界）的建设项目，应按有关标准要求设置边界（厂界）噪声监测点位"；而对于水电项目，HJ 464—2009 仅要求进行施工期影响回顾调查，未要求进行施工期声环境影响监测。

因此，对于水电项目验收期可不设声环境监测点，最多根据项目的环境特点设置厂界噪声监测点（如项目附近的声环境敏感点）；水利项目一般也仅设置厂界噪声监测点，但建议航道建设项目可以参考公路项目的布点方式，于距离航道较近的声环境敏感点设置声环境质量监测断面，并进行 24 h 连续监测，以确认航运船只对敏感点的影响情况。

②监测布点

水电项目于靠近声环境敏感点的位置设置厂界噪声监测点位。

水利项目于船闸管理所厂界设置噪声监测点位；按环评的预测情况，选取水利项目附近的部分敏感点进行监测，并可设置 24 h 连续监测点位。

③监测频次

相关标准中无要求，可参考公路类验收规范的要求，监测 2 d，每天昼夜各 1 次。

④监测因子

等效声级。

（8）生态监测

①必要性

根据 HJ/T 394—2007 中 6.4.2.1 小节的要求，为定量了解项目的生态影响，必要时需要进行植物样方调查或水生生态影响调查。

HJ 464—2009 对水电工程也未明确相关监测内容，但要求进行陆生生态、水生生态调查，以及农业生态调查。

②监测布点

应与环评现状调查阶段一致，以便于进行对比。

③监测频率

监测频率为 1 次。

④监测因子

为便于进行环评阶段的现场对比，分析项目对生态的影响情况，监测因子应
与环评阶段一致。

3.5.6.2　环境影响调查结果编写要求

水利水电工程的环境影响调查结果，应逐项按照 HJ 464—2009 的要求进行说
明与分析。如果监测点位、监测项目相对固定，且建设项目是唯一的主要影响因
素，则可编制曲线变化图，以清晰地显示项目对该点位的环境影响变化情况。

某水电项目环境影响调查结果（摘选）

在工程施工期间，水库地表水监测的多项指标均达到《地表水环境质量标准》
（GB 3838—2002）的相关要求，虽然施工高峰时段出现溶解氧、pH、TP、TN、
粪大肠菌群、石油类等指标的超标情况，但是随着主体工程的结束，各污染物浓度
开始降低，逐步恢复至施工前水平。

施工结束后，上水库、上水库主坝下游河段、下水库、下水库主坝下游河段，
以及项目附近某水库的地表水环境质量基本恢复至施工前的背景值范围内，但 TN
有所升高。说明施工后期，经过整改及严格管理后，施工期对项目周边水环境质
量的影响基本消除。TN 的升高，有可能是受水库蓄水初期的影响，建议保持对
水库水质的监测，持续关注水质变化情况。

运行期各项水环境处理设施的出水监测结果表明，下水库管理中心的生活污水
处理系统、地下厂房生活污水处理系统、地下厂房含油废水处理系统运行正常，可
以正式投入使用。

综上所述，本工程项目对周边水环境的影响是有限的、可恢复的，新建库区的
水体没有发生富营养化现象，工程没有对大秦水库造成明显的环境影响，水处理设
备运行正常，抽水蓄能电站对水环境的影响在可接受的范围内。

3.6   阶段验收调查的要求及要点

3.6.1   分期验收的要求

根据《建设项目环境保护管理条例》第十八条的规定："分期建设、分期投入生产或者使用的建设项目，其相应的环境保护设施应当分期验收。"关于水利水电项目是否需要分期验收，以及如何分期验收的问题，环境保护部于 2012 年发布的《关于进一步加强水电建设环境保护工作的通知》（环办〔2012〕4 号）给出了具体的指导，即"水库下闸蓄水前应完成蓄水阶段环境保护验收"。因此，对于水电项目，各级生态环境部门在进行环评批复时均提出蓄水阶段分期验收的要求。

另外，在 HJ 464—2009 的 4.2.4 小节中，提出"对于分期建设、分期运行的项目，按照工程实施阶段，可分为蓄水前阶段和发电运行阶段进行验收调查"。

因此，水利水电工程的环境保护验收工作是否需要分期验收，主要根据其是否有"分期建设、分期运行"的情况进行判断。如涉及水库工程时，因为水库的蓄水属于分期投入运行的情况，所以在蓄水前即在投入运行前，即使环评批复没有提出关于蓄水验收的具体要求，也应该进行蓄水前的环境保护验收工作，对照检查相应的环境保护设施是否落实到位。对于其他类型的项目，也应根据"分期建设、分期运行"的具体情况进行分期环境保护验收工作。

某水利工程分期环境保护验收示例

某水利工程为灌区工程，该工程包括 1 期、2 期工程，并分别于 2015 年和 2016 年收到环评文件的批复，每期工程均包含干渠工程及支渠工程。现阶段受征地的影响，1 期、2 期工程的支渠均无法全面完工，但干渠工程已具备通水条件，且部分支渠也具备投入使用的条件。

为做好项目的环境保护验收工作，该项目在干渠通水前，分别对 1 期、2 期工程的干渠和支渠进行环境保护验收工作，共编写 2 份验收调查报告；剩余支渠工程在竣工可以投入使用前，进行第二次环境保护验收工作。

3.6.2　阶段验收的调查要点

阶段环境保护验收主要对以下 7 个方面进行调查。

（1）工程建设方案

核查工程建设内容变更情况；工程布置［主要指工程建设内容及构筑物规模，以及取弃土（渣）场、料场、施工营地等临时占地的选址、规模］和施工方案是否符合环评及其批复要求。

（2）生态环境影响

陆生生物保护措施的落实情况，重点关注淹没区和施工范围内陆生的国家和地方重点保护动植物、地方特有动植物等的保护情况；水生生物保护措施的落实情况；落实环评及其批复文件中下放生态用水要求的情况；已停用的施工场地、施工道路、施工营地，以及取弃土（渣）场、料场等临时用地的生态恢复措施；水土流失防治措施落实情况。

（3）污染防治

施工期各环境要素污染防治设施建设、运行情况和运行效果；污染防治措施的落实情况；施工期施工废水、扬尘、噪声等对环境敏感目标的影响情况。

（4）社会影响

污水、垃圾等的污染防治措施和其他环境保护要求的防治措施的落实情况；征地和移民（拆迁）的影响情况；工程施工过程噪声和废气排放对周边居民的影响情况。

（5）库底清理（蓄水阶段验收适用）

水库库底清理的环境保护方案制定、方案落实情况；在复核水库库底清理专项验收报告的基础上，详细核查对危险废物及污染企业等的清理是否符合《水利水电工程水库库底清理设计规范》（SL 644—2014）和国家环境保护的相关要求。

（6）环境管理

施工期环境管理、施工期环境监测、研究计划落实情况。

（7）公众意见

施工期公众环境保护投诉及其处理情况。

3.6.3   蓄水阶段验收的工作重点

阶段性验收应属于竣工验收的先期内容。阶段性验收的验收范围，应包括未投入使用的环境保护设施建设进度情况，并对各期环境保护措施之间的关系、后续项目中"以新带老"环境保护措施的落实情况进行调查。

3.7   调查工作主要流程及手段

水利水电建设项目一般体量较大，工程范围涉及较广，工期相对较长，因此项目竣工环境保护验收调查工作的任务相对较重。水利水电建设项目竣工环境保护验收工作除按照规范的程序推进外，还应注意以下几点。

3.7.1   项目启动后立即组建验收调查项目组

环境保护验收工作确定后，验收调查单位组建验收调查项目组。项目组人员组成根据工程的体量及技术要求而定。项目组成立后，应与市场商务人员进行沟通，确定项目实施的时间节点要求及其他商务工作要求。项目组内部进行分工，一般可按编制方案的章节进行分工，并实施"一揽到底"的负责制，即按照资料需求、现场调查、报告编制、附图制作、附件整理及报告修改等章节分工，并一揽到底。

图 3-20 为某水利工程环境保护验收工作启动会议。

3.7.2   验收调查方案编制

工作组成立后，开始收集初步项目资料，主要包括项目的环评及其批复文件、项目立项及其批复文件、项目变更材料、工程进度及竣工情况材料。通过对项目资料的初步调查，在了解项目基本建设内容、环境保护要求、环境影响及工程进度等基本情况的前提下，编制项目的验收调查方案，确定验收调查范围、目标、标准、内容及重点、工作进度计划等事项。

图 3-20　某水利工程环境保护验收工作启动会议

3.7.3　尽早开展项目环境保护验收调查评估

　　一般建设项目在进入竣工验收阶段时，并未完全结束施工，部分绿化恢复、配套工程等仍在进行，主体工程施工方也会保留适当人员配合竣工验收，工程仍处于具备施工组织能力的阶段。因此，在验收调查开始阶段，应该进行项目环境保护验收调查评估工作。

　　验收调查评估工作主要是对照环境保护验收管理办法的要求，对不能提供验收合格意见的情形进行逐一识别，评估项目工程是否具备竣工环境保护验收的条件，并编制验收调查评估意见。验收调查评估的重点为：

　　①评估工程是否发生重大变动，若发生重大变动是否重新报批环评。

　　②环评批复中的要求是否全部落实。

　　③生态放流设施、过鱼设施等重要环境保护设施和增殖放流、植物移植等主要生态环境保护措施是否建设和落实并发挥相应的作用。

④生态恢复的进度。在建设工程中，迹地生态恢复工作的完成一般相对落后。竣工阶段进行评估时，应对各临时用地的生态恢复情况进行评估，同时推进生态恢复工作。

3.7.4　召开验收调查启动会议并组建工作组

对项目进行验收调查评估后，由建设单位组织各施工单位、监理单位、工程设计单位，以及建设单位内部各相关部门人员，与验收调查咨询服务单位一同召开验收调查工作会议。由验收调查咨询服务单位讲解项目验收调查工作的计划、要求及存在的问题，并由建设单位组织进行解决，以便后期验收调查工作的开展。

召开验收调查启动会议的同时成立环境保护验收工作组，工作组由各单位代表及验收调查项目组共同组成。环境保护验收工作组的作用为及时进行沟通，解决环境保护验收调查过程中的资料收集、工程整改等问题。某水电工程验收调查评估报告整改建议见表 3-15。

表 3-15　某水电工程验收调查评估报告整改建议

类别	名称	实施情况	评估意见
生态环境	生态补偿措施	已支付	落实森林植被恢复费的支付要求，提供支付证明材料
	植被恢复	石场仍堆放石料；一局石料场营地、一局营地、砂石料转运场、十四局拌合站营地、风洞楼附近堆放场、十四局营地、上水库公路施工废料堆放场、八局营地未恢复场地和复绿	尽快清拆地面建筑并复绿；优化用地用房，减少施工占地面积；明确合同的复绿责任，支付复绿费用；对堆放物料进行防护措施
	保护植物或古树移植	无植物标识牌，无进一步保护措施	保护植物或古树应设置标识牌；设置围栏保护
	野生动物保护	无野生动物通道；无动物出没警示标志	于上下水库连接公路处设置专门的野生动物通道；设置减速带；设置动物出没警示牌

类别	名称	实施情况	评估意见
水环境保护措施	生活污水处理	—	确认生活污水外运处理的合规性；下水库管理中心设置地埋式处理系统
	生产废水处理	厂房废水处理系统尚未建设完毕	应加快废水处理系统的建设及调试工作
	公路路面排水	上水库库周公路未设置路面排水沟；连接公路的上半段未设置路面排水沟（渠）；连接公路的水源区段仅一侧设置砼（混凝土）排水沟收集路面雨水；连接公路的下半段未设置路面排水渠	应对永久公路的排水设施进行调整，有效收集永久公路的路面雨水并保证其排出水源保护区的集水区
固体废物措施	一般固体废物处置	上下水库公路旁堆放施工废料	尽快按要求清理该处固体废物，未及时清理的地方做好防雨防渗工作
	危险废物处理措施	放置废油的场所不符合危险废物处理规范	进一步规范危险废物处置场所的设置，做好防渗工作，设置相关标志，做好相关记录，委托合规单位进行处理
环境风险防范	环境风险防范	厂房内地面未铺设吸油设施；进出水口未设置在线油分自动监测仪；进出水口未设置围油栏；当前未设置渗漏水水质定期监测机制	地下厂房地面铺设吸油设施；进出水口设置在线油分自动监测仪；进出水口设置围油栏；对渗漏水进行定期监测
环境管理及监测	环境管理及监测	暂未建立明确的环境管理专职机构并制定相关规范；未设立进出水口在线油分自动监测仪，尚未对渗出水进行监测	设立专职环境管理机构；建立环境管理责任机制，明确责任人；建立环境管理相关制度；设置进出水口在线油分自动监测仪；对渗出水进行定期监测
其他	应急预案	已于××××年备案，正在进行修编，尚未重新备案	尽快修编完成并备案
	水土保持验收	已开展	加快进行水土保持专项验收工作，提供水土保持验收相关材料并进行调查

第 4 章　公路类建设项目竣工环境保护验收要点研究及案例分析

4.1　公路类建设项目竣工环境保护验收要点分析

4.1.1　相关技术规范及文件要点解读

4.1.1.1　《建设项目竣工环境保护验收技术规范　公路》（HJ 552—2010）要点解读

《建设项目竣工环境保护验收技术规范　公路》（HJ 552—2010）的适用范围为："本标准规定了公路建设项目竣工环境保护验收调查总体要求、实施方案和调查报告的编制要求。本标准适用于按规定编写《建设项目竣工环境保护验收调查报告》的公路建设项目的竣工环境保护验收调查工作。需填写《建设项目竣工环境保护验收调查表》的公路建设项目可参照执行。"公路类建设项目竣工环境保护验收调查须按照技术规范中的要求进行。

（1）术语和定义

①声环境敏感点。指公路沿线两侧一定范围内的医院、学校、机关、科研单位、住宅、疗养院等需要保持安静的场所。

HJ 552—2010 中"一定范围内"通常是指公路中心线两侧 200 m 以内的带状区域；施工场界外 200 m 以内的区域。

②车型分类。通常将汽车按照总质量分为小型、中型、大型 3 种。小型车指

汽车总质量在2t以下（含2t）或座位数小于7座（含7座）的汽车；中型车指汽车总质量为2~5t（含5t）或座位数为8~19座（含8座）的汽车；大型车指汽车总质量大于5t或座位数大于19座（含19座）的汽车，包括集装箱车、拖挂车、工程车等。

根据《公路工程技术标准》（JTG B01—2014），交通量换算以小客车为标准车型，小客车折算系数为1，中型车折算系数为1.5，大型车折算系数为2.5，汽车列车折算系数为4。对应到HJ 552—2010中：小型车折算系数为1，中型车折算系数为1.5，大型车折算系数为2.5。这里的折算系数主要是在后续车流量调查过程中，用来核算绝对车流量的。

（2）验收调查重点

验收调查关注的重点阶段包括设计期、施工期和试运营期，具体内容如下：

①设计期。收集并核查环境保护设施、声环境敏感点、环境敏感保护目标和设计文件（主要为项目初步设计报告、环境影响评价文件等）的变更情况。

②施工期。调查工程对环境影响评价制度和其他环境保护相关法律法规的执行情况。参考环评文件对相关环境要素影响的预测内容，进一步调查施工期实际产生的环境影响，确定影响程度与范围。

调查环评文件及环境影响审批文件中提出的有关环境保护设施与要求的落实情况和保护效果。涉及自然保护区、风景名胜区、饮用水水源保护区、文物保护单位等环境敏感目标的，应调查相关管理部门有关保护要求的落实情况。

调查建设单位对环境管理状况、环境监测制度和环境监理要求的执行情况，调查工程环境保护投资的落实情况。

③试运营期。调查建设单位依据实际环境影响而采取的环境保护措施和实施效果，调查试运营期环境风险源、环境风险防范与应急措施落实的情况，以及实际存在的环境问题、公众反映强烈的环境问题和需要进一步改进、完善的环境保护工作。

（3）工程实际建设情况调查要点

重点工作包括对主体工程、辅助工程、占地、取弃土场等方面的调查，以及对环境保护投资的调查。

生态影响类建设项目的主要环境影响有可能体现在对区域生态环境造成的持

续性影响，对当地生态种群造成的结构性破坏，对国土空间布局造成的根本性改变上。公路类建设项目的主要环境影响则体现在对项目沿线声环境敏感目标造成的持续性影响上。

为准确把握公路类建设项目实际产生的生态环境影响，应重点做好以下五方面的调查工作。

①工程建设内容调查。公路类建设项目涉及的构筑物较多，附属设施及工程组成也较为复杂，故在开展工程建设内容调查时，首先应对工程的主要技术指标进行核查，一般高速公路调查内容包括公路等级、设计车速、路基宽度、平曲线极限最小半径、平曲线最小半径、不设超高的最小平曲线半径、竖曲线最小半径、车道数、道路里程、停车视距、最大纵坡、最小坡长、汽车荷载等级、设计洪水频率、地震动峰值加速度、桥隧比例等。一级公路调查内容一般包括公路等级、设计行车速度、停车视距、路基宽度、行车道宽度、桥梁设计车辆荷载、桥面净宽、抗震标准等。了解上述主要技术指标后，应与设计文件、环评文件及其批复内容进行对比核查，项目如有明显变化则应对照重大变动清单判断是否需要进行环评，如不属于重大变动但是其变动造成了环评文件未涉及或未预测到的环境影响，则应对该变动导致的环境影响进行进一步分析调查。

除主要技术指标外，还应重点核查项目的工程量是否发生变化，如某高速公路主要工程量的核查情况详见表 4-1。

表 4-1　某高速公路主要工程量的核查对比情况

项目	单位	环评阶段	实际工程	变化情况
一、基本指标				
公路等级	—	高速公路	高速公路	不变
设计速度	km/h	100	100	不变
二、路线指标				
主线总长	km	149.391	148.553	−0.838
平曲线最小半径	m	700	700	不变
最大纵坡	%	4	4	不变
最小坡长	m	250	250	不变
连接线	处/km	—	—	—

项目	单位	环评阶段	实际工程	变化情况
三、路基指标				
路基宽度	m	26.0	26.0	不变
行车道	—	双向四车道	双向四车道	不变
四、桥梁和涵洞指标				
桥梁设计车辆荷载	—	公路-Ⅰ级	公路-Ⅰ级	不变
桥梁长度/数量	m/座	26 571/52	22 479.9/87	−4 091.1/35
特大桥长度/数量	m/座	5 947/3	6 293.6/3	346.6/0
大桥长度/数量	m/座	17 748/43	13 579.9/40	−4 168.1/−3
中小桥长度/数量	m/座	2 876/6	2 606.4/44	−269.6/38
五、隧道指标				
隧道长度/数量	m/座	10 605/7	9 673.913/5	−931.087/−2
特长隧道长度/数量	m/座	6 350/1	6 487.313/1	137.313/0
长隧道长度/数量	m/座	2 650/2	2 569/2	−81/0
中隧道长度/数量	m/座	1 165/2	509.6/1	−655.4/−1
短隧道长度/数量	m/座	440/2	108/1	−332/−1
六、路线交叉指标				
互通式立体交叉数量	处	15	14（预留1）	−1
七、沿线设施指标				
主线/匝道收费站数量	处	0/12	0/12	不变
服务区/停车区数量	处	3/3	4/1（预留2）	1/−2
管理中心数量	处	1	1	不变

注：−表示实际工程较环评阶段减少的情况。

　　公路类项目的工程量核查内容除公路技术指标外，还应核查沿线附属设施情况，附属设施一般包括收费站、服务区、停车区、管理中心、养护工区、集中居住区等。附属设施一般建设的较为分散，且各附属设施均配备独立的环境保护措施，故在调查时应按环评文件及其批复文件的相关要求进行核查。

　　建设项目在实际建设过程中，会因为各种因素无法完全按照设计文件进行建设，产生变化的各项工程指标并不一定都会造成不利的环境影响，如建设项目远离自然保护区、风景名胜区、饮用水水源保护区、文物保护单位等环境敏感目标，则工程变更是对环境有利的变更。这种变更虽然不涉及重大变动，但是无法与环评文件中要求的环境保护设施一一对应，则应参考同类型工程或附属设施相应的环境保护措施方案，对变更后的环境保护设施进行核查，务必做到对工程建设内容应查尽查。

②项目占地情况调查。公路类建设项目属于线性工程，项目占地面积通常较大，占用土地类型众多，包括农用地、林地、山地等，有些还会涉及自然保护区、生态严格控制区、水源保护区等敏感区域。占地面积较多、行政区域跨度较大的建设项目，势必对国土空间利用格局造成影响。工程除永久占地外，还会涉及临时占地，如取弃土场、施工营地、施工便道、临时堆场等，如不对这些临时占地做好日常水土保持措施并及时复绿，会对当地的生态环境造成明显破坏。

项目占地情况调查对于公路类建设项目竣工环境保护验收工作极为重要。调查时需要根据工程建设相关资料，核实工程实际占地的区域位置、面积、类型与环评及其批复内容是否一致；调查临时占地使用期间是否按要求采取了临时水土保持措施，使用后是否按要求进行场地恢复或交由第三方使用。大部分公路类项目会有较多临时占地，多为取弃土场，部分临时占地并未在设计文件、环评文件中被提及，故在调查过程中务必根据设计文件及环评文件的相关内容，同时结合现场实际情况进行核查，确保对所有占地情况进行调查。

③环境保护目标调查。鉴于公路类项目的特性，环境保护目标调查过程中以声环境保护目标为主，其他环境保护目标一般还包括生态环境目标、水环境保护目标、大气环境保护目标和社会环境保护目标。

调查方式一般是从地方的环境功能区划文件，各类地市级下发的函件、批文，以及设计文件、环评文件中收集项目沿线环境保护目标的相关内容，再根据相关内容开展实地调查，修正、更新环境保护目标。

工程影响区域内环境敏感目标调查的内容包括目标数量、类型、分布、影响、变更情况、保护措施及其效果；明确环境敏感目标的地理位置、规模、与工程的相对位置关系、所处环境功能区及保护内容、与环评文件对比的变化情况及变化原因。

④工程概况调查。明确项目可行性研究报告及环评文件中对交通量进行的预测内容，再与项目建设单位沟通，调查得到公路试运营期间的实际交通量，将实际交通量与预测交通量进行对比。

HJ 552—2010 的 4.1.4 小节规定："验收调查的公路建设项目按实际交通量进

行调查，注明实际交通量。未达到预测交通量的 75% 时，应对中期预测交通量进行校核，并按校核的中期预测交通量对主要环境保护措施进行复核。在试运营期根据监测结果采取环境保护措施，并预留治理经费预算。"

如果实际交通量未达到预测交通量的 75%，按 HJ 552—2010 的要求应对中期预测交通量进行校核，并按校核的中期预测交通量对主要环境保护措施进行复核。在实际调查过程中一般按校核后的交通量对声屏障、服务区污水处理等设施进行重新核查，确保在交通量校核后所有附属设施仍能起到相应的环境保护作用。

⑤环境保护投资调查。公路类建设项目有部分环境保护措施是在施工期落实的，调查单位介入时间大多为试运营期，工程施工基本结束后很难判断已结束的施工阶段是否按照相关要求落实了各项环境保护措施、环境管理要求。因此，通过对环境保护投资进行调查核实，可在一定程度上判断工程采取的环境保护措施是否落实到位，建设环境保护设施的规模及功能是否符合要求。在调查过程中，可充分利用工程结算书、初步设计文件的相关内容对实际环境保护投资额进行核查。

4.1.1.2　《关于印发环评管理中部分行业建设项目重大变动清单的通知》（环办〔2015〕52 号）中附件的解读

界定水利水电等生态影响类建设项目重大变动的现行文件为《关于印发环评管理中部分行业建设项目重大变动清单的通知》（环办〔2015〕52 号），在其附件《水电等九个行业建设项目重大变动清单（试行）》中，对水利水电等九大行业进行了重大变动界定。其中对高速公路建设项目重大变动的界定包括以下内容。

（1）规模

①车道数或设计车速增加；

②线路长度增加 30% 及以上。

（2）地点

①线路横向位移超出 200 m 的长度累计达到原线路长度的 30% 及以上；

②工程线路、服务区等附属设施或特大桥、特长隧道等发生变化，导致在评价范围内出现新的自然保护区、风景名胜区、饮用水水源保护区等生态敏感区，或导致出现新的城市规划区和建成区；

③项目变动导致新增声环境敏感点数量累计达到原敏感点数量的 30%及以上。

（3）生产工艺

项目在自然保护区、风景名胜区、饮用水水源保护区等生态敏感区内的线位走向和长度、服务区等主要工程内容，以及施工方案等发生变化。

（4）环境保护措施

取消具有野生动物迁徙通道功能和水源涵养功能的桥梁，噪声污染防治措施等主要环境保护措施弱化或降低。

公路类建设项目建设周期长，工程组成较多，在建设过程中会受投资、设计优化、征地拆迁等各种因素影响，导致其在实际建设过程中的工程内容较设计阶段内容发生变化的情况难以避免。根据《环境影响评价法》和《建设项目环境保护管理条例》有关规定，建设项目的性质、规模、地点、生产工艺和环境保护措施五个因素中的一项或一项以上发生重大变动，且可能导致环境影响显著变化（特别是不利环境影响加重）的，界定为重大变动。属于重大变动的应当重新报批环境影响评价文件，不属于重大变动的纳入竣工环境保护验收管理。因此，可以认为发生变更的建设项目内容，其本身不会造成不利环境影响明显增加甚至使不利环境影响减小的，如公路需要避开自然保护区、风景名胜区、饮用水水源保护区、文物保护单位等环境敏感目标，导致线位摆动，或者是为减少公路中心线 200 m 范围内的居民点而导致线路摆动的情况。对于这些情况，现阶段较为普遍的做法是由建设单位组织进行变动影响的科学论证并形成明确的结论，报原环评审批单位备案，并将其纳入竣工环境保护验收内容。

4.1.2　环境保护措施调查技术要点研究

环境保护措施落实情况调查是竣工环境保护验收调查的核心内容之一。2015年 12 月 30 日，环境保护部办公厅发布《关于印发建设项目竣工环境保护验收现场检查及审查要点的通知》（环办〔2015〕113 号），列出了水电等生态影响类建设项目竣工环境保护验收现场检查及审查的要点，在一定程度上提出环境保护措施调查的技术要点。

公路类建设项目一般对环境影响较多，有施工期对周边环境的短暂影响，也有工程运行对沿线环境的持续影响；有占地或淹没导致空间生态结构变化的，也有主体及配套建筑物直接排污导致区域环境污染负荷增加的；等等。因此，环境保护措施调查应涉及建设项目建设及试运营的全过程，包括初步设计阶段的环境保护设计方案、施工阶段环境保护措施落实及环境保护设施建设情况、试运营期环境保护设施运行维护情况等。

4.1.2.1　施工期环境保护措施调查

公路类建设项目的环境影响在施工及试运营阶段均有不同方式、不同程度的体现。在施工期间，施工营地的污水排放、施工机械的噪声，以及坡面开挖造成的水土流失、临时占地造成的植被破坏等，均有可能对区域生态环境产生明显不利影响。在验收调查过程中，对已经结束的施工期各项环境保护措施落实情况进行调查，主要是通过查阅初步设计文件及环境监理报告，对照环评及其批复文件要求，核查建设项目在施工期间是否落实了各项环境保护措施要求的方式。通过对环境保护投资进行调查核实，可在一定程度上判断工程施工期的环境保护措施是否落实到位，环境保护设施规模及功能是否符合要求。

4.1.2.2　试运营期环境保护措施调查

公路类建设项目在试运营阶段对周边环境会产生持续性影响，包括但不限于车辆噪声对沿线声环境敏感目标的影响，跨越敏感水体桥梁的初期雨水影响，危化品的泄漏风险，附属设施生活污水、固体废物及油烟的排放等。

故运行期环境保护措施调查重点一般包括：建设项目是否按环评文件及其批复文件的要求落实声环境保护措施，常见的有声屏障及通风隔声窗的安装情况；跨越敏感水体的桥梁是否按要求设置容积合规、位置合理的事故应急池，并编制备案应急预案；各个附属设施的生活污水处理设施是否落实到位，污水处理效果是否达标，污水排放方式是否符合要求；各附属设施及沿线产生的固体废物是否安排定期清理或委托第三方进行处理，如有维修车间，废机油等危险废物是否按相关规定及要求委托具有资质的第三方进行处理；有食堂及厨房等附属设施的，是否按要求设置油烟收集处理装置，处理后的结果是否达标；开挖坡面及各个取弃土场是否实施水土保持措施，临时占地是否进行场地平整及恢复；等等。

4.1.3　环境影响调查技术要点研究

环境影响调查是基于工程环境保护措施落实情况的调查而开展的，主要调查方法是施工期环境质量监测数据汇总分析，验收阶段的区域环境质量现状监测。通过工程建设期与工程开工前、工程试运营期与工程开工前的环境质量对比分析，并结合环评文件的区域环境质量预测结论，分析工程的建设及运行对区域环境的影响程度是否在可接受的范围内。

环境影响调查一般分为生态环境影响调查、声环境影响调查、水环境影响调查、大气环境影响调查、固体废物影响调查、社会环境影响调查 6 个部分，在公路类建设项目竣工环境保护验收调查的过程中，最重要且难度最大的是声环境影响调查，水环境影响调查次之，本书将着重对这两部分内容进行介绍。

4.1.3.1　声环境影响调查技术要点

声环境影响相关调查包括声环境保护目标调查、声环境保护措施落实情况调查及声环境影响调查，其中声环境影响调查一般采用资料调研、现场调查与现状监测相结合的办法。

根据《建设项目竣工环境保护验收技术规范　公路》（HJ 552—2010）中 6.5 小节的声环境影响调查内容，笔者认为其调查重点和难点集中在现状监测上，因此本书将针对此项内容展开介绍。

（1）现状监测的布点原则

HJ 552—2010 的 6.5.3.1 小节对监测布点原则进行了说明。

首先明确声环境影响的调查对象，一般是公路中心线两侧各 200 m 范围内的声环境敏感点（医院、学校、机关、科研单位、住宅、疗养院等需要保持安静的场所）；环境影响报告书批复之前已经存在，或已经规划并在此后获得立项批复且尚未建设的声环境敏感点。《中华人民共和国环境噪声污染防治法》第三十七条规定："在已有的城市交通干线的两侧建设噪声敏感建筑物的，建设单位应当按照国家规定间隔一定距离，并采取减轻、避免交通噪声影响的措施。"在实际调查的过程中，会出现很多晚于项目竣工时间的声环境敏感受体，应根据实际情况判断是否对其进行监测或补充声环境保护措施。

a）对公路沿线的声环境敏感点，按以下原则选择其中具有代表性的点进行现状监测。

①环评文件要求采取降噪措施且试运营期已采取措施的敏感点应监测，监测比率不少于 50%；

②环评文件要求采取降噪措施但试运营期未采取措施的敏感点应监测，监测比率不少于 50%；

③环评文件要求进行跟踪监测的敏感点可选择性布点；

④交通量差别较大的不同路段，位于不同声环境功能区内的代表性居民区敏感点和距离公路中心线 100 m 以内的有代表性的居民集中住宅区和 120 m 以内的学校、医院、疗养院及敬老院等应选择性布点；

⑤同一敏感点不同距离执行不同功能区标准时应相应布设不同的监测点位；

⑥敏感点为楼房的，宜在 1、3、5、9 等楼层布设不同的监测点；

⑦国家和地方重点保护野生动物和地方特有野生动物集中的栖息地宜选择性布点；

⑧位于交叉道路、高架桥、互通立交和铁路交叉路口附近的敏感点应选择性布点。

这里需要说明以下几点内容：

对于第②项，环评文件中要求采取降噪措施的声环境敏感点，在实际调查过程中受项目线路变化或其他因素的影响，敏感点与道路中心线的位置关系会产生变化，进而影响对声环境保护措施是否合理的判断。但在实际监测布点的过程中，仍须严格遵循 HJ 552—2010 的要求进行选点。

对于第③项，应尽量都进行监测，以便对工程建设期间与工程开工前、工程试运营期间与工程开工前的环境质量进行对比分析，并结合环评文件的区域环境质量预测结论。

对于第④项，"交通量差别较大"一般出现在两个互通间，或是两个匝道间，由于公路主要的噪声源是车辆，不同交通量下的声环境敏感点受声情况会有较大差别，因此监测时选择具有代表性的布点即可。不同声环境功能区的评价标准不同，公路一般涉及较多的是 2 类及 4a 类声环境功能区，所以在这两种声环境功能区内都进行布点监测即可。因为一般情况下居民集中居住区靠近公路范围的较多，所以建议对距离公路中心线 100 m 内的居民集中住宅区进行布点监测。一般涉及学校、医院、疗养院及敬老院等特殊场所的，除距离公路过远几乎不会受到噪声影响的以外，建议都进行布点监测。HJ 552—2010 中所描述的"选择性布点"可视为"应布点"或"需布点"。

对于第⑤项，同一敏感点也会存在不同的声环境功能区，则应在不同的声环境功能区范围内选有代表性的点进行监测，《声环境功能区划分技术规范》（GB/T 15190—2014）中明确了声环境功能区划分的方法，各公路类项目一般涉及 2 类及 4a 类声环境功能区的较多。

对于第⑥项，有些敏感点为楼房，但是现场不具备在 3、5、9 层进行监测的条件，如果点位较特殊一定需要进行监测的话，建议尽量选择与道路同高度的楼层进行监测。

b）为了解公路交通噪声沿距离的分布情况，应设置噪声衰减断面进行监测。断面数量可根据路段交通量及地形地貌的差异程度酌定，一般不少于 2 个监测断面，且监测断面不受当地生产和生活的噪声影响。

这里需要明确的是，噪声衰减监测需要排除背景噪声的影响（当地生产和生活噪声影响），仅对公路上行驶的车辆进行监测。

c）为了解公路交通噪声的时间分布以及 24 h 车辆类型结构和车流量的变化情况，应根据工程特点选择有代表性的点进行 24 h 交通噪声连续监测，监测点不受当地生产和生活噪声影响。

这里需要明确的是，在选择 24 h 交通噪声连续监测点时，首先应对全线车流量情况进行初步分析，不能选最大或最小的路段进行布点；不能选受当地生产和生活噪声影响的路段进行布点；如果公路大多路段在平原，则不应选择多山路段，反之亦然。

d）为了解声屏障的隔声降噪效果，分析声屏障措施的有效性，应对采取声屏障措施的敏感点进行声屏障降噪效果监测。

这里需要明确的是，在布设监测断面及监测点时，还需要考虑监测点背景噪声的问题，例如不能选在两个点中间有地方道路的；不能选一个点位在居民区前，另一个点位在开阔地带的；不能选两段声屏障高度或材质不同的断面；等等。

（2）声环境敏感点监测

HJ 552—2010 的 6.5.3.2 小节对声环境敏感点监测进行了规定。

①监测方法：按照《声环境质量标准》（GB 3096—2008）的有关规定进行监测。监测同时记录双向车流量，按大、中、小型车分类统计，必要时增加摩托车、拖拉机的统计类别。

②监测频次：监测 2 d，昼间监测 2 次/d，夜间监测 2 次/d（22：00—24：00 和 24：00—6：00），每次监测 20 min。

GB 3096—2008 中对测量仪器、测点选择、气象条件等方面做了规定。在实际监测过程中，较为重要的是在不同测点条件下如何放置测量仪器。

①一般户外：距离任何反射物（地面除外）至少在 3.5 m 外进行测量，距地面高度为 1.2 m 以上。必要时可置于高层建筑上，以扩大监测受声范围。使用监测车辆测量时，传声器应固定在车顶部 1.2 m 高度处。

②噪声敏感建筑物户外：在噪声敏感建筑物外，距墙壁或窗户 1 m 处，距地面高度为 1.2 m 以上。

③噪声敏感建筑物室内：距离墙面和其他反射面至少 1 m，距窗户约 1.5 m 处，距地面高度为 1.2～1.5 m。

按规定进行监测的同时需要同步记录车流量。记录下的车流量在进行监测结果评价时可以作为辅证发挥作用。

（3）交通噪声 24 h 连续监测

HJ 552—2010 的 6.5.3.3 小节对交通噪声 24 h 连续监测进行了规定。

①监测方法：按照 GB 3096—2008 的有关规定进行监测。监测同时记录车流量，按大、中、小型车分类统计，必要时增加摩托车、拖拉机的统计类别。

②监测频次：24 h 连续监测，监测 1 d。

交通噪声 24 h 连续监测点一般较难选择，监测设备需要设在有电、有遮挡、不易被他人拿走的地方，且这个地方属于有代表性的点位。笔者认为，一般有代表性的居民楼顶或楼内，较适合作为交通噪声 24 h 连续监测点进行监测。按技术规范要求需要同步记录下监测时间段内的车流量变化情况，这里的车流量需要换算为绝对车流量，并与监测结果进行对比分析，以此判断 24 h 内噪声监测结果与车流量变化情况是不是正相关的关系。

（4）交通噪声衰减断面监测

HJ 552—2010 的 6.5.3.4 小节对交通噪声衰减断面监测进行了规定。

①断面选取原则：在公路线路平直，与弯道段、桥梁距离大于 200 m，纵坡坡度小于 1%，运营车辆能够正常行驶，公路两侧开阔无屏障，监测点与公路的高差最具代表性的地段，不同车流量路段。

②断面布点：当公路车道数≤4 时，距离公路中心线 20 m、40 m、60 m、80 m 和 120 m 处分别设置监测点位；当公路车道数＞4 时，距离公路中心线 40 m、60 m、80 m、120 m 和 200 m 处分别设置监测点位。

③监测方法：按照 GB 3096—2008 中的有关规定进行监测。监测同时记录车流量，按大、中、小型车分类统计，必要时增加摩托车、拖拉机的统计类别。

④监测频次：监测 2 d，昼间监测 2 次/d，夜间监测 2 次/d，每次监测 20 min。

在进行交通噪声衰减断面监测布点时，较容易忽视的问题是没有完全按照 HJ 552—2010 的要求进行选点，如选择了距离弯道段、桥梁小于 200 m 的点位，选择的断面一侧有声屏障等情况都是不符合要求的选点。另外，在进行交通噪声衰减断面监测时仍须统计车流量，记录下的车流量在进行监测结果评价时可以作为辅证发挥作用。

（5）声屏障降噪效果监测

HJ 552—2010 的 6.5.3.5 小节对声屏障降噪效果监测进行了规定。

①监测点位选择：敏感点声环境质量监测可选择在距离道路声屏障后方中间被保护敏感点前 1 m 处进行，选择无屏障开阔地带且与声屏障后方监测点等距离处为对照点与其进行同步测试。声屏障降噪效果监测可在声屏障后 10 m、20 m、30～60 m 处各设 1 个点，另外在无屏障开阔地带距离道路路肩 10 m、20 m、30～60 m 处各设一个对照点。对照点与声屏障后测点之间的距离应大于 100 m。

在选择声屏障降噪效果监测点位时，较容易被忽视的是"在无屏障开阔地带距离道路路肩 10 m、20 m、30～60 m 处各设一个对照点"这一项，其原因是声屏障大多修建在路肩位置，对照点要和声屏障降噪效果监测布点与道的距离相同。

②监测方法：按照《声屏障声学设计和测量规范》（HJ/T 90—2004）中插入损失的间接法测量的有关规定进行监测。

③监测频次：每天监测 4 次（时间同敏感点噪声监测），每次监测 20 min，连

续监测 2 d。

④监测量及数据分析：记录监测点名称、桩号、方位、距离、高差，画出平面、剖面位置图，并记录车流量情况。

按照 HJ/T 90—2004 中插入损失（IL）的间接测量的方法进行声屏障降噪效果监测，其降噪效果计算公式为

$$IL=（L_{\text{ref,a}} - L_{\text{ref,b}}）-（L_{\text{r,a}} - L_{\text{r,b}}）\tag{4-1}$$

式中，$L_{\text{ref,a}}$——在等效场所参考点处测量的声屏障安装前的 A 声级，dB（A）；

$L_{\text{ref,b}}$——在等效场所受声点处测量的声屏障安装前的 A 声级，dB（A）；

$L_{\text{r,a}}$——声屏障安装后参考点处的 A 声级，dB（A）；

$L_{\text{r,b}}$——声屏障安装后受声点处的 A 声级，dB（A）。

4.1.3.2　水环境影响调查技术要点

水环境影响调查的内容包括水环境保护目标调查、水环境保护措施落实情况调查、水环境影响调查。其中，水环境影响调查一般采用资料调研、现场调查与现状监测相结合的方法。

根据 HJ 552—2010 中 6.7 小节的水环境影响调查内容，笔者认为其调查重点和难点集中在现状监测上，因此本书将针对此项内容展开介绍。

水环境现状监测的对象主要是公路沿线设施配套的污水处理设施与外部水环境相通的界面。公路沿线重要的敏感水域可进行水环境质量现状监测。

公路沿线设施配套的污水处理设施大体分为两种：一种是处理达标后外排的设施，另一种是处理达标后回用的设施。这两种设施的监测标准不同，与外部水环境相通的界面也不同。处理达标后外排的不论是直接接入市政管网还是外排入地方农灌沟渠，监测点都应选择在污水处理设施净水排水口处；处理达标后回用水看似没有与外部水环境直接沟通，但回用水也有洒水降尘和绿化灌溉等不同方式，监测点应选择在污水处理设施回用水池内。

项目沿线涉及饮用水水源保护区或二类水体等重要敏感水域的，不论是否在环评文件中被提及，都需要进行水环境质量现状监测。如果项目是以桥梁等方式跨越重要敏感水域的，应在桥梁上下游分别布设监测断面，对照分析可得出其对

重要敏感水域是否产生影响。

（1）沿线设施污水监测布点原则

应对有外排污水的沿线设施进行水质监测。可根据污水的性质、排放量、处理设施的布设情况设置监测点位，监测的比率不应少于同类设施的 50%。

（2）沿线设施污水监测项目

pH、化学需氧量、生化需氧量、悬浮物、石油类、动植物油、氨氮。

（3）沿线设施污水监测方法

按照《地表水和污水监测技术规范》（HJ/T 91—2002）的有关规定进行。

在进行沿线设施污水监测时，较容易被忽视的是"监测的比率不应少于同类设施的 50%"这一点，如公路类项目沿线设施配套的污水处理设施有一体式的或中水回用式的，也有化粪池等类型的，每种类型都应该尽可能多地进行布点监测。

4.1.4　公众参与调查技术要点研究

根据 HJ 552—2010 的规定，公路类建设项目竣工环境保护验收需要进行公众意见调查。

公众意见调查是为了了解建设项目在不同时期的环境影响，发现工程设计期、施工期曾经存在的及目前可能遗留的环境问题，试运营期公众关心的环境问题，以及了解公众对建设项目环境保护工作的评价。调查对象一般以公路沿线直接受影响的居民和公路上往来的司乘人员为主，包括公众个人、政府部门、院校、企事业单位等。实际调查过程中一般可以先去沿线村委走访，再对沿线直接受影响的居民进行调查。各地政府部门一般没有相关部门对接此类工作，企事业单位也存在类似问题，导致工作较难开展，而院校或沿线商户是较好的调查对象，可采用问询、问卷调查、座谈会、媒体公示等方法，较为敏感或知名度较高的项目也可采取听证会的方式。实际操作时大概率是采用问卷调查辅以问询的方式开展，HJ 552—2010 中给出了详细的调查问卷格式及问卷内容。

公路类建设项目的公众意见调查内容一般包括：公众对公路建设的一般性意见和基本态度；工程施工期间是否发生过环境污染事件或扰民事件，明确事件内容、时间、影响和解决情况；施工期的主要环境问题以及采取的有关环境保护措施；试运营期的主要环境问题以及采取的有关环境保护措施；调查公众最关注的环境问题以及希望采取的环境保护措施；调查公众对建设项目环境保护工作的总体评价。

在开展公众意见调查时，应为调查对象充分进行说明，引导对方从环境保护的角度提出个人意见，尽量避免提出与环境保护不相干的意见，如征地补偿等意见。在完成调查结果的统计之后，应给出公众意见调查逐项分类统计结果及各类意向或意见数量和比例；定量说明公众对公路建设环境保护工作的认同度，分析公众反对公路建设的主要意见和原因。重点分析公路建设各时期对社会和环境的影响、公众对项目建设的主要意见及其合理性，以及有关环境保护措施的有效性。最后根据环境保护措施及环境影响的调查结果，对公众提出的意见进行回应，反映的情况属实的，提出环境保护措施整改措施意见，并给出时间进度计划，不属实的也应充分回应。

4.2　典型案例分析

4.2.1　重大变动判定相关案例分析

某高速公路工程主要由路基路面工程、桥涵工程、隧道工程、房建工程、交安工程、机电工程等组成。主线按双向四车道高速公路标准建设，设计车速为 100 km/h，路基宽度为 26 m，汽车荷载等级为公路-Ⅰ级。项目全长为 148.553 km；路基挖方量约为 2 671 万 m^3、填方量为 2 298 万 m^3；共设桥梁 87 座（长 22 479.9 m），其中特大桥 3 座；隧道工程 5 座（长 9 673.913 m），其中特长隧道 1 座（长 6 487.313 m）；桥隧比 21.6%。全线共设互通立交 14 处（含枢纽互通立交 2 处），预留互通立交 1 处，服务区 4 处，停车区 1 处，预留停车区 2 处，养护工区 3 处，管理中心 1 处，收费站 12 处，集中居住区 2 处。

2014 年，由环境保护部批复项目的建设，项目环评报告书的申报建设单位为××投资建设有限公司。环评阶段结束后，实际工程的对外业务由××投资建设有限公司下属的××高速公路管理中心负责，而建设及运营管理工作则由管理处承担。

　　建设单位在初步设计和施工图设计过程中，根据地勘及相关现场调研材料，对原设计线位进行了调整，重新向广东省交通运输厅申报施工图线位走线，并于2014—2015 年先后取得先行工程和全部标段的施工图设计批复。完成施工图修编之后于 2015 年 9 月开始建设，2018 年 12 月建成通车。

　　项目建设过程中出于落实环评、初步设计及施工图批复要求，减轻环境影响，以及工程建设、运营管理需要等因素的考虑，建设单位对施工线位进行了调整。

　　如表 4-2 所示，工程实际线位较环评线位横向位移超过 200 m 的路段共计 18 处（总长为 62.324 km），占环评线位全长（149.391 km）的 41.72%，其中属于环境有利变动的变动段共 14 段（总长为 56.823 km），占变动段总长的 91.17%，占实际线位全线总长的 38.03%；变动前后环境影响相当的变动段共 4 段（长为 5.501 km），占变动段总长的 8.83%，占实际线位全线总长的 3.68%；不存在属于环境不利变动的变动段。

表 4-2　线路变动环境影响差异分析结果

序号	摆动路线长度/m	占环评线位比例/%	变动分析结论
1	3 487	2.33	环境有利变动
2	8 933	5.98	环境有利变动
3	955	0.64	环境有利变动
4	971	0.65	变动前后环境影响相当
5	2 181	1.46	变动前后环境影响相当
6	1 232	0.82	环境有利变动
7	5 028	3.37	环境有利变动
8	3 139	2.10	环境有利变动
9	2 121	1.42	环境有利变动
10	5 208	3.49	环境有利变动
11	2 937	1.97	环境有利变动
12	2 681	1.79	环境有利变动
13	14 173	9.49	环境有利变动
14	517	0.35	变动前后环境影响相当
15	1 534	1.03	环境有利变动
16	1 832	1.23	变动前后环境影响相当
17	1 337	0.89	环境有利变动
18	4 058	2.72	环境有利变动

　　工程声环境敏感点调查范围为公路中心线两侧 200 m 以内的带状区域，环评单位于 2014 年环评报告中明确线路评价范围内的声环境、环境空气保护目标共 82 个，其中有村庄 81 个，学校 1 所。由于项目环评报告编制时间较早，验收调查单位结合历史卫星图片及现场走访调查结果，对环评线位（149.391 km）两侧的敏感点重新梳理核对，结果发现环评线位评价范围内的声环境、环境空气保护目标实际数量应为 129 个，其中有 128 个村庄，1 所学校。

　　根据现场查勘结果，本项目实际线路评价范围内的声环境、环境空气保护目标共计 102 个，其中有 101 个村庄，1 所学校。敏感点中有 39 个为新增敏感点，占原环评总数（129 个）的 30.23%。原环评中有 66 个敏感点由于工程变更不再作为本项目的敏感点。

　　对照《关于印发环评管理中部分行业建设项目重大变动清单的通知》（环办〔2015〕52 号）要求，××高速公路管理中心委托第三方公司编制了《××工程变动环境影响分析报告》。报告提出："依据环评报告及批复要求，结合项目实际线位建设方案，重新委托设计单位进行水气声环境保护工程的设计，在制定并落实好相应的污染防治措施的情况下，对照环办〔2015〕52 号文件的规定，该项目的变动没有导致不利环境影响加重，不属于高速公路建设项目重大变动。"分析报告专家组评审意见为"对照《关于印发环评管理中部分行业建设项目重大变动清单的通知》（环办〔2015〕52 号）的规定，该项目的变动没有导致不利环境影响加重，不属于高速公路建设项目重大变动"。

　　综上可知，工程实际线位较环评线位横向位移超过 200 m 的路段共计 18 处，总长 62.324 km，占环评线位全长的 41.72%，敏感点中 39 个为新增敏感点，占原环评总数的 30.23%。对照环办〔2015〕52 号文件的规定，即线路横向位移超出 200 m 的长度累计达到原线路长度的 30%及以上，项目变动导致新增声环境敏感点数量累计达到原敏感点数量的 30%及以上。因此，本项目属于重大变动项目，需要重新申报环评。环办〔2015〕52 号文件中规定：建设项目的性质、规模、地点、生产工艺和环境保护措施 5 个因素中的一项或一项以上发生重大变动，且可能导致环境影响显著变化（特别是不利环境影响加重）的，界定为重大变动。鉴于项目体量较为庞大，建设单位就变动后工程对环境产生的影响的问题委托第三方公司编制了工程变动环境影响分析报告，针对每一处变动分析变动前后的环境影响。虽然项目发生了较大的变动，且单独的变动涉及重大变动，但只要经过论证分析，明确项目变动不会导致环境影响显著变化（特别是不利环境影响加重），则可以确定项目不属于重大变动，纳入竣工环境保护验收管理即可。

4.2.2　声环境影响相关案例分析

4.2.2.1　声环境影响相关案例之一

××高速公路项目分期进行建设，先期建设的××段于 2004 年 9 月 8 日开工，2006 年 12 月 30 日进行试通车运行，环境保护部于 2010 年 3 月进行环境保护验收批复。后期建设的××段于 2008 年 9 月开工，全线于 2014 年 12 月 31 日建成并进行试运营。

验收调查本项目道路中心线 200 m 范围内的声环境敏感点共 29 个，有居民点 21 个、学校 7 个和养老院 1 个，相较于环评阶段新增敏感点共 15 个，其中 12 个声环境敏感点是在公路建成后，由于当地居民不断靠近公路修建房屋，众多房屋（或首排房屋）已在本项目道路中心线 200 m 范围内。

环评报告中原有的 14 个敏感点中有 6 个敏感点在公路建成后，由于当地居民不断靠近公路修建房屋，第一排房屋与道路红线的距离较环评报告明显减小。

本项目 29 个敏感点中，除部分路段外，绝大部分声环境敏感点路段均安装了声屏障，全线声屏障总长达 9 802 m。声屏障实景如图 4-1 所示。

各敏感点昼间噪声测值为 54.9～65.3 dB（A），夜间噪声测值为 50.6～57.3 dB（A）。所测的 15 个敏感点中，原有敏感点为 10 个，新增敏感点为 5 个；其中，有 4 个敏感点昼间监测结果达标，11 个敏感点昼间监测结果超标；15 个敏感点夜间监测结果均有不同程度的超标情况出现。

图 4-1　项目路基与桥梁声屏障实景

统计分析超标的敏感点可知，属于原有敏感点的有 14 个，其中的 5 个学校在环评阶段无论昼间、夜间均有噪声超标的情况出现。现阶段噪声超标情况主要集中在夜间，昼间基本达标，而学校夜间无学生或老师寄宿的情况，因此夜间的噪声超标情况不会对学校师生造成影响。在本公路建成后，有 4 个居民点仍在向靠近公路的方向新建房屋，从而导致首排房屋与公路红线的距离比环评阶段时分别缩短了 18 m、18 m、23 m、7 m。因此，本公路在以上敏感点均修建了声屏障，降低了噪声影响。

在本案例中，声环境敏感点监测结果虽然有超标情况出现，但经过调查分析可知，大部分超标的点位均属于在已有道路两侧新建的噪声敏感建筑物。《中华人民共和国环境噪声污染防治法》第三十七条规定："在已有的城市交通干线的两侧建设噪声敏感建筑物的，建设单位应当按照国家规定间隔一定距离，并采取减轻、避免交通噪声影响的措施。"

因此，本案例中新建房屋如果出现噪声超标的情况，则应由房屋建设方自行采取减轻、避免交通噪声影响的措施。

4.2.2.2　声环境影响相关案例之二

某高速公路项目主要由路基路面工程、桥涵工程、隧道工程、房建工程、交安工程、机电工程等组成。主线按双向 4 车道高速公路标准建设，设计车速为 100 km/h，路基宽度 26 m，汽车荷载等级为公路-Ⅰ级。项目全长 148.553 km。

2014 年环评单位于环评报告中明确线路评价范围内的声环境、环境空气保护目标共 82 个，其中有村庄 81 个，学校 1 所。由于项目环评报告编制时间较早，验收调查单位结合历史卫星图片及现场走访调查结果，对环评线位（149.391 km）两侧的敏感点进行重新梳理核对，同时发现环评线位评价范围内的声环境、环境空气保护目标实际数量应为 129 个，其中有 128 个村庄和 1 所学校。

根据现场查勘结果，本项目实际线路评价范围内的声环境、环境空气保护目标共计 102 个，其中有 101 个村庄和 1 所学校；敏感点中有 39 个为本次新增敏感点，占原环评总数（129 个）的 30.23%。原环评中有 66 个敏感点由于工程变更不再作为本项目的敏感点。为了减轻高速公路在营运期间由汽车行驶产生的噪声影响，建设单位对沿线部分路段安装了隔声屏障。

为了分析交通噪声随距离变化的衰减情况，在主线两侧开阔平直路段进行衰减断面监测。在空旷地带分别设置衰减断面 1、衰减断面 2 两处交通噪声衰减的监测断面。沿垂直公路方向在距公路中心线 20 m、40 m、60 m、80 m 和 120 m 处各设置一个监测点位，5 个监测点同步监测。

在线路左侧、右侧分别设置了 2 个监测断面（图 4-2 和图 4-3）。衰减断面 1 的监测点位距离公路中心线的长度分别为 20 m、40 m、60 m、80 m、120 m，衰减断面 2 的监测点位距离公路中心线的长度分别为 20 m、40 m、60 m、80 m、120 m。

图 4-2　衰减断面 1 的布点

图 4-3　衰减断面 2 的布点

昼间 2 次，夜间 2 次，每次 20 min。每个监测断面的 5 个点位同时监测，监测结果以等效连续 A 声级（L_{eq}）表示，监测结果见表 4-3。各时段的监测值拟合曲线如图 4-4～图 4-7 所示。

表 4-3　交通噪声的衰减断面监测结果

日期	时段	衰减断面 1 监测结果 L_{eq} /dB（A）					衰减断面 2 监测结果 L_{eq} /dB（A）				
		20 m 点位	40 m 点位	60 m 点位	80 m 点位	120 m 点位	20 m 点位	40 m 点位	60 m 点位	80 m 点位	120 m 点位
2020年 11 月 4 日	昼间	56.3	55.2	54.2	53.3	51.9	56.9	55.5	53.8	52.8	51.3
	昼间	57.0	55.3	54.3	53.6	52.5	56.8	55.6	54.1	52.9	51.8
	夜间	45.6	44.7	43.9	43.8	41.7	48.8	44.2	43.9	42.7	41.8
	夜间	48.2	47.5	46.7	46.0	45.4	44.8	44.0	44.0	42.6	42.0
2020年 11 月 5 日	昼间	56.4	55.9	54.9	54.4	53.2	57.3	55.5	54.0	53.2	52.6
	昼间	56.7	56.1	54.9	54.0	53.2	57.6	56.5	56.1	55.9	54.9
	夜间	46.3	45.2	44.2	43.5	42.8	44.5	43.5	42.9	42.0	41.2
	夜间	43.4	43.1	42.4	42.0	42.0	43.7	43.0	40.6	40.3	39.2

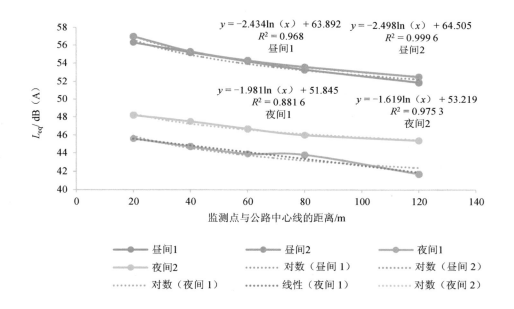

图 4-4　2020 年 11 月 4 日衰减断面 1 的拟合曲线及方程

注：R^2 为拟合优度。下同。

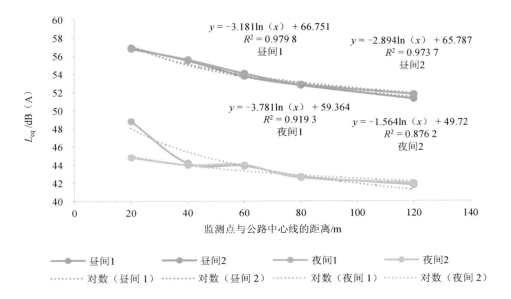

图 4-5　2020 年 11 月 5 日衰减断面 1 的拟合曲线及方程

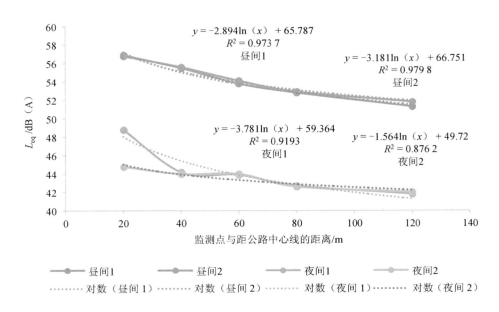

图 4-6　2020 年 11 月 4 日衰减断面 2 的拟合曲线及方程

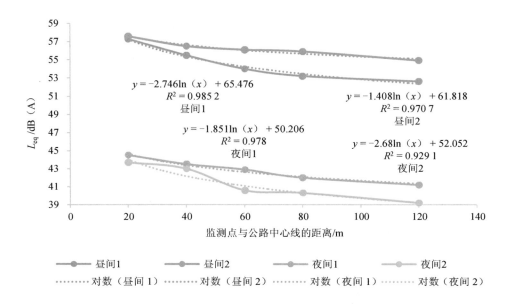

图 4-7 2020 年 11 月 5 日衰减断面 2 的拟合曲线及方程

由图 4-4～图 4-7 可知，随着监测点与公路中心线距离由近至远的变化，噪声监测值基本呈对数衰减趋势，且两者相关性较好，R^2 大部分达到 0.9 以上，符合噪声衰减规律。

为分析项目交通量及噪声昼夜变化情况，选定开阔无其他影响的点位进行 24 h 交通噪声连续监测，在监测每小时等效连续 A 声级（L_{eq}）的同时记录各时段的车流量，按小型、中型、大型车分类统计。24 h 连续监测点布设位置如图 4-8 所示。

通过对表 4-4 的分析可知，昼间 16 h（6∶00—22∶00）的噪声值范围为 49.1～55.6 dB（A），平均值为 51.7 dB（A）低于《声环境质量标准》（GB 3096—2008）2 类声环境功能区的环境噪声限值标准［昼间为 60 dB（A）］；夜间 8 h（22∶00—6∶00）的噪声值范围为 45.3～49.2 dB（A），平均值为 46.8 dB（A），低于《声环境质量标准》（GB 3096—2008）2 类声环境功能区的环境噪声限值标准［夜间为 50 dB（A）］。从 24 h 监测值随车流量变化情况看，每小时等效连续 A 声级与相应车流量基本呈正相关关系。

表 4-4　24 h 连续监测结果

序号	检测时间	检测结果/dB（A）							检测时车流量/（辆/20 min）			声源类型
		L_{eq}	L_{10}	L_{50}	L_{90}	L_{max}	L_{min}	标准差（SD）	小型车	中型车	大型车	
1	1：00	46.8	50.4	39.8	31.2	63.1	28.1	7.3	15	4	22	现有噪声源主要为村庄的社会生活噪声源和已通车的龙怀高速公路的交通噪声源
2	2：00	45.3	49.4	35.8	30.6	60.4	28.3	7.3	14	4	13	
3	3：00	46.0	50.2	40.0	31.6	62.0	29.3	6.8	5	6	12	
4	4：00	46.6	50.6	38.6	32.4	63.1	29.4	6.9	4	8	10	
5	5：00	47.0	50.8	40.8	33.6	65.8	30.4	6.5	8	7	12	
6	6：00	50.0	53.4	45.8	40.8	70.4	34.8	4.9	6	8	13	
7	7：00	52.1	54.4	47.0	42.4	72.8	36.0	5.0	10	3	20	
8	8：00	51.1	53.4	46.6	42.4	79.2	37.5	4.4	36	10	20	
9	9：00	51.8	54.0	47.2	40.4	74.2	31.7	5.4	65	15	22	
10	10：00	51.4	53.6	46.2	39.6	79.1	32.5	5.5	80	18	23	
11	11：00	50.7	54.2	45.8	40.0	72.0	33.9	5.3	93	13	20	
12	12：00	49.7	53.4	45.0	38.2	72.2	31.4	5.7	99	15	18	
13	13：00	49.2	52.8	45.8	40.0	65.6	34.5	4.9	95	20	16	
14	14：00	51.0	54.4	48.8	42.0	68.3	34.8	4.7	85	12	19	
15	15：00	52.5	55.6	49.2	42.8	73.7	36.4	4.9	92	19	25	
16	16：00	55.3	57.6	50.2	44.2	79.7	37.0	5.3	106	10	22	
17	17：00	53.8	57.0	51.2	45.8	73.6	39.3	4.4	98	12	23	
18	18：00	51.9	55.4	49.2	44.6	65.9	39.1	4.2	94	16	18	
19	19：00	50.8	54.2	46.2	38.4	71.8	33.5	5.9	82	10	15	
20	20：00	52.3	55.2	47.8	40.0	72.3	33.6	5.8	74	18	18	
21	21：00	55.6	54.6	45.0	36.4	75.2	31.8	7.6	63	16	28	
22	22：00	49.1	53.2	43.6	35.0	69.1	31.1	6.6	41	9	23	
23	23：00	49.2	53.6	43.0	32.6	64.1	29.8	7.6	24	9	29	
24	00：00	46.5	50.0	40.6	33.0	65.0	29.5	6.4	19	7	19	

注：L_{10}：在测量时间内有 10％的时间 A 声级超过的值，相当于噪声的平均峰值；

L_{50}：在测量时间内有 50％的时间 A 声级超过的值，相当于噪声的平均中值；

L_{90}：在测量时间内有 90％的时间 A 声级超过的值，相当于噪声的平均本底值；

L_{max}：在规定的测量时间段内或对某一独立噪声事件，测得的 A 声级最大值；

L_{min}：在规定的测量时间段内或对某一独立噪声事件，测得的 A 声级最小值。

图 4-8 24 h 连续监测点布设位置

为分析项目声屏障降噪效果，在声屏障后 10 m、20 m、40 m 处各设 1 个点，另外在无声屏障开阔地带距离道路路肩 10 m、20 m、40 m 处各设 1 个对照点，对照点与声屏障后测点之间距离大于 100 m。监测等效连续 A 声级（L_{eq}），其结果整理见表 4-5。

表 4-5 声屏障降噪效果断面监测结果

时段	有声屏障监测断面（L_{eq}）/dB（A）			无声屏障监测断面（L_{eq}）/dB（A）			降噪值（L_{eq}）/dB（A）		
	10 m	20 m	40 m	10 m	20 m	40 m	10 m	20 m	40 m
昼间	54.7	53.0	52.2	56.4	55.4	53.8	1.7	2.4	1.6
昼间	53.9	53.2	52.9	56.8	55.5	54.0	2.9	2.3	1.1
夜间	42.9	41.8	41.8	45.1	43.6	42.1	2.2	1.8	0.3
夜间	43.3	41.4	40.9	44.6	43.4	41.5	1.3	2.0	0.6
昼间	54.5	52.3	50.9	57.3	55.1	52.4	2.8	2.8	1.5
昼间	53.9	52.7	51.0	57.2	54.9	51.6	3.3	2.2	0.6
夜间	42.1	40.9	40.8	42.9	42.1	42.7	0.8	1.2	1.9
夜间	42.7	41.6	40.4	44.9	44.2	42.4	2.2	2.6	2.0

　　如表 4-5 所示，声屏障降噪值为 0.3～3.3 dB（A），降噪效果较明显，达到了安装声屏障的预期效果。

　　在本案例中，敏感点数量较多，且由于项目线路摆动敏感点数量变化较大，需要在交通量差别较大的不同路段、不同声环境功能区的代表性居民区选择性布点。案例中的交通噪声的衰减断面监测、交通噪声连续监测、声屏障降噪效果监测均具有一定的代表性。对噪声的衰减断面监测值与距离进行拟合发现，噪声值随距离增加呈对数衰减的趋势，两者相关性较好，R^2 基本达到 0.9 以上，符合噪声衰减规律；对比分析 24 h 噪声监测值随车流量变化的情况发现，每小时等效连续 A 声级与相应车流量基本呈正相关关系；该项目的声屏障降噪效果为 0.3～3.3 dB（A），降噪效果较明显，达到了安装声屏障的预期效果。

4.2.3　水环境影响相关案例分析

4.2.3.1　水环境影响相关案例之一

　　××高速公路项目分期进行建设，先期建设的××段于 2004 年 9 月 8 日开工，2006 年 12 月 30 日进行试通车运行，环境保护部于 2010 年 3 月进行了环境保护验收批复。后期建设的××段于 2008 年 9 月开工，全线于 2014 年 12 月 31 日建成并进行试运营。

　　在原国家环境保护总局下发的环评批复文件的第一项第二条中提出：K1-K8 A 河、B 河大桥跨越××市生活饮用水地表水源一级保护区，但××省人民政府以《关于××市生活饮用水地表水源保护区划分方案（修正案）的批复》同意将 A 河、B 河一级水源保护区调整为二级水源保护区。

　　据调查，由公路管理部门严格按照国家相关规定，负责日常泄漏、散装超载车辆监督工作；加强对敏感路段交通及环境保护设施的管理，防止交通事故引发水环境污染；定期检查和强化 A 河特大桥、B 河特大桥防护栏的防撞、抗撞设施，确保发生交通事故时车辆不会落入水中，有效防止路面垃圾及行驶车辆排放的尾气污染物落入水中，减少严重交通事故的发生（图 4-9～图 4-12）。管理部门还对特大桥桥梁路段进行全程电子监控，做好相应的应急准备，在发现事故或接报后第一时间采取措施。

图 4-9　A 河特大桥监控画面　　　　图 4-10　B 河特大桥监控画面

图 4-11　A 河特大桥护栏及防抛网　　　图 4-12　B 河特大桥护栏及防抛网

在 A 河特大桥和 B 河特大桥桥梁处采用桥面径流排水设计，在桥梁两端设置事故应急池，在桥下设置聚氯乙烯（PVC）管道，将桥面排水引至桥梁两侧的事故应急池，对桥面径流进行处理（图 4-13～图 4-15）。

图 4-13　A 河特大桥事故应急池

图 4-14 B 河特大桥事故应急池

图 4-15 桥面径流收集系统

通过采取上述措施，使桥面径流不进入沿线水体，以防止突发事故的危险液体进入敏感河流、污染水体。

桥两端设置了明显的标志牌，提示载有危险品的车辆减速行驶；桥梁的防撞设计采用公路设计相关规范中安全系数的设计标准，可以最大限度地避免车辆侧翻；在跨 A 河和 B 河的桥梁两端设置水源保护区标志牌、警示牌、限速标志，公示事故报警电话号码（图 4-16 和图 4-17）。

图 4-16　A 河水源保护区标志牌　　　　图 4-17　B 河水源保护区标志牌

　　根据调查，工程试运营以来，没有发生过行驶车辆翻入周围水体等事故。需要从高速公路出入口的超宽车道通行的车辆，由当地交管部门查验相关证件是否齐全，对通过安全检查的予以放行；运输危险品的车辆按照地方政府统一要求，实行申报管理制度；公路管理部门在车流量较大时，按照特定时段安排危险品运输车辆通行。在天气条件不好、驾驶者视线较差时，禁止危险品运输车辆上路。服务区设置了一体化污水生化处理装置，本次调查结果显示，装置排放口水质满足广东省《水污染物排放限值》（DB 44/26—2001）中的标准要求。

　　本案例中，在原国家环境保护总局下发的环评批复文件的第一项第二条中提出：K1-K8 A 河、B 河大桥跨越××市生活饮用水地表水源一级保护区，但××省人民政府以《关于××市生活饮用水地表水源保护区划分方案（修正案）的批复》同意将 A 河、B 河一级水源保护区调整为二级水源保护区。虽然保护区级别下调了，但是仍然需要设置如桥梁防撞护栏、防抛网、监控、径流收集及事故应急池等水环境保护设施，同时在水源保护区范围内设置水源保护区标志牌、事故报警电话标志牌等。

　　现场调查时主要关注上述水环境保护设施即可，需要着重关注工程是否按照环评报告及其批复文件的要求设置容积合适的事故应急池，应急池的设计是否合理，径流收集系统是否完善等。

4.2.3.2　水环境影响相关案例之二

　　某高速公路项目主要由路基路面工程、桥涵工程、隧道工程、房建工程、交安工程、机电工程等组成。该项目中跨越 A 河、B 江、C 江、D 江的桥梁均已设置桥面径流收集系统和事故应急池（图 4-18～图 4-25）。各桥梁均采用封闭式纵向排水系统对桥面径流进行收集，即将大桥桥面泄水管与横向截水管相接，径流通过全封闭型横向截水圆管引至河堤外，再通过竖向排水管沿桥墩引下，排至桥下相应的事故应急池中。排水管高度低于桥面高度，横向截水管坡度为 3‰，长度与河流两岸河堤内的桥体长度相同，雨水管采用 PVC 管材，既满足强度、刚度的要求，又具有较长的寿命和耐酸碱的特点。正常情况下，雨水径流经排水管道排入收集池后再经隔油沉淀排至附近沟渠中；发生交通事故时，含危险化学品的废水进入收集系统后，须立即关闭收集池的出水阀门并及时抽取池中废水，交由有资质且有处理能力的单位处置，确保废水不排入附近河流，污染水体。

除此之外，还在跨线桥梁上设置了报警电话、警示牌及限速标志等设施提醒司机进入水环境敏感路段应谨慎驾驶（图 4-26）。同时，在桥梁上设置了防撞护栏、防抛网等，进一步避免车辆冲出护栏或掉入河中，造成水体污染（图 4-27）。全线跨敏感水体桥梁均安装了监控设备，随时监控桥上、桥下的情况，这样在发生危化品泄漏或交通事故时，人们能在第一时间了解情况并采取相应的措施，以最大限度地降低污染程度。

图 4-18 跨 A 河桥桥下事故应急池

图 4-19　跨 A 河桥桥面径流收集系统

图 4-20　跨 B 江大桥桥下事故应急池

图 4-21　跨 B 江大桥桥面径流收集系统

图 4-22　跨 C 江特大桥桥下事故应急池

图 4-23　跨 C 江特大桥桥面径流收集系统

图 4-24　跨 D 江大桥桥下事故应急池

图 4-25　跨 D 江大桥桥面径流收集系统

图 4-26　警示及救援电话标志牌

图 4-27　防撞护栏、防抛网

公路全线设置完善的排水系统，通过雨水口、雨水管、排水渠收集道路用地范围内的雨水径流，避免径流、漫流冲刷沿线植被或引起沿线村庄内涝（图 4-28）。

公路排水系统定期进行疏通、清淤，确保排水畅通。跨河桥梁纵向排水管定期检修，及时修复管道渗漏和破损，保证纵向排水管道的密封性。

公路运营过程中的污水主要是服务区、收费站、养护中心及养护工区职工日常生活排放的生活污水，各附属设施均建设完善配套的污水处理设施。

本案例中需要着重关注的是工程是否按照环评报告及其批复文件的要求设置容积合适的事故应急池，应急池的设计是否合理，径流收集系统是否完善等。同时因为沿线服务区、收费站、养护中心及养护工区职工日常生活会产生生活污水，所以需要对各附属设施配套的污水处理设施进行检查，确保处理后的污水无论是直接接入市政管网、外排至地方农灌沟渠，还是回收用作洒水降尘和绿化灌溉都要符合相关的水质标准。

图 4-28　路面排水系统

第 5 章 其他类型建设项目竣工环境保护验收
要点研究及案例分析

5.1　石油储备库项目

5.1.1　石油储备库工程特点

图 5-1　石油储备库（地下水封洞库）

　　石油储备库（地下水封洞库）项目与其他生态影响类项目一样，由于开挖面积大，施工期较长，其主要的环境影响也是其对生态环境的影响。石油储备库（地下水封洞库）项目与其他生态类建设项目相比，其环境影响主要特点包括：

①主要为陆生生态影响，无直接的水生态影响。由于石油储备库（地下水封洞库）的地质要求，一般建设在山上，不直接接触地表水体。

②运行期间以大气污染及水污染为主要影响。由于地下水封洞库涉及的石油属于化工原料，在其储藏期间会产生大量含油废水。另外，石油罐的呼吸会产生烃类污染物。

图 5-1 为石油储备库（地下水封洞库）。

5.1.2 石油储备库工程环境保护验收技术要点

除按一般生态类项目验收要求进行验收外，石油储备库工程在项目竣工环境保护验收调查过程中，还应注意以下几个方面：

①在环境保护设施方面，应注意按污染类建设项目验收要求，对含油废水处理设施、废气处理设施、事故应急池进行验收。重点对处理工艺、处理目标可达性和合理性进行分析。对相关设施在实际设计过程中发生变化，或验收期间部分指标未达要求的，应进行分析说明，并论证是否达到环评的要求。

②在环境影响方面，应注意地下水环境监测。在运营期间，石油与地下水界面直接接触，存在地下水污染风险。因此，在验收期间应注意对地下水环境进行监测，并按规范要求做好地下水监测布点工作。

③在环境风险事故及应急预案调查方面，由于石油储备库工程存在较大的环境污染风险，验收调查应将此方面内容作为重点。同时，应对突发环境事件应急措施、配套资源、配套管理人员及制度进行调查验收，确保在突发环境事件时，项目具备足够的应对能力。

5.1.3 调查与报告编写示例

石油储备库工程的环境保护验收调查，应侧重于环境保护设施可行性分析。

某个水封洞库验收调查示例

（1）油气回收装置及回收效率

本项目设置一套处理能力为 1 900 m³/h 的活性炭吸附油气回收装置，用于处理地下水封洞库排放的油气，油气处理达标后经 30 m 高的排气筒排放。

根据 2019 年 1 月 17—18 日环境保护验收监测结果，本项目油气排放浓度为 0.042 3 ~ 0.118 g/m³，平均值为 0.064 4 g/m³，油气回收效率为 91.7% ~ 98.7%，平均值为 95.7%。

本项目油气排放浓度满足《储油库大气污染物排放标准》（GB 20950—2007）①中油气排放浓度 ≤25 g/m³ 的要求，油气排放浓度占排放标准的 0.2% ~ 0.5%。

本项目油气回收效率为 91.7% ~ 98.7%，平均值为 95.7%，基本满足《储油库大气污染物排放标准》（GB 20950—2007）中油气处理效率 ≥95% 的要求，但不能满足环评批复中油气回收效率应不低于 97% 的要求。

油气排放浓度越小，活性炭油气处理回收设施中油气回收效率越低。本项目油气回收设施进口油气浓度为 0.862 ~ 3.4 g/m³，远低于排放标准的 25 g/m³，超低油气浓度导致油气处理回收设施的回收效率不能达到 97% 以上。

（2）氮气封顶技术

某地下水封洞库为了保证安全及减少油库的原油损耗量，洞罐进油之前用氮气进行惰化，即用氮气置换洞库中的空气。氮气比油蒸气轻，会浮在油蒸气的上面，因此向罐外呼气时主要呼出的是氮气。氮气封顶技术的使用可大大降低呼吸损耗及油气的排放量。

（3）无组织排放达标情况

根据 2019 年 1 月 17—18 日环境保护验收无组织排放监测结果，本项目周界外浓度最高点为 2.49 mg/m³，无组织排放满足广东省《大气污染物排放限值》（DB 44/27—2001）中单位周界外非甲烷总烃 ≤4.0 mg/m³ 的无组织排放监控浓度限值要求。

---

① GB 20950—2007 现已被《储油库大气污染物排放标准》（GB 20950—2020）代替。

5.2 海洋航道工程

5.2.1 海洋航道工程特点

海洋航道工程指海洋码头配套的航道工程，包括航道疏浚、炸礁以及航标工程等。

海洋航道工程环境影响的主要特点如下：

①主要环境影响为海洋生态环境影响。海洋航道工程一般远离居民区，与内水离得较远，具体环境影响是施工期疏浚、炸礁过程对施工影响范围内海洋生态环境造成的影响，以及航道运行过程中来往船只对海洋生物的影响。

②对环境保护设施建设的要求较少。海洋航道工程一般无环境保护设施建设的要求。环境保护要求为相关管理措施的落实要求，包括生态避让措施、船舶管理措施、生态补偿措施，以及施工控制措施等的落实。

5.2.2 海洋航道工程环境保护验收技术要点

海洋航道工程一般不要求配套相关环境保护设施，环境保护要求以管理措施为主，因此，对海洋航道工程环境保护进行验收，主要侧重于调查环境管理对政策措施落实情况、海洋生态环境的影响。海洋航道工程环境保护验收工作重点要做好以下 4 个方面。

①调查相关配套管理机构的完善情况。调查环评文件要求落实的配套环境保护管理机构的设立情况，包括人员配备、专业配备等，分析机构运行对环境保护管理的可行性。

②调查生态补偿款项的落实情况。主要调查环评文件特别是批复文件要求的生态补偿费用是否按进度及资金要求支付相关主管部门。

③调查管理制度的建设及完备情况。调查相关管理制度，包括船舶管理制度、施工控制制度等制度的建设情况。

④通过生态环境影响调查，说明施工期间环境保护措施的实施效果。通过施工期的生态环境监测、运行期的海洋生态环境监测结果，说明环境保护措施落实

情况及效果。

5.2.3　调查与报告编写示例

以下为某航道工程验收调查期水环境影响的分析案例：

施工船舶生活污水经施工船舶配备的生活污水处理装置处理后，交由有资质的单位接收处理，避免生活污水外排对周边环境造成影响。

工程所在区域表层沉积物各监测因子所有监测值均符合《海洋沉积物质量》（GB 18668—2002）的一类、二类标准，与环评阶段表层沉积物监测值相比，沉积物的环境质量没有产生严重变化，基本保持原有水平。

验收调查组查阅施工报告和环评报告，确认本工程施工对水环境的主要影响因子为疏浚过程产生的悬浮物。经查阅施工期监测报告发现，施工期间水质监测项目悬浮物和石油类指标皆达标，其中石油类项目皆符合《海水水质标准》（GB 3097—1997）的一类标准，悬浮物项目符合一类~三类标准。对于距离工程边界最近（100 m）的水环境敏感目标之一——水产养殖点，其水环境保护目标为三类海水，本工程施工过程所在海域的悬浮物浓度满足一类~三类海水水质标准，因此施工引起的悬浮物浓度增加没有对水产养殖点造成明显影响。

根据《2016 年广东省海洋环境状况公报》，在 2016 年本工程施工前，广澳湾的环境质量状况：春季和夏季为清洁或较清洁海域，海水符合第一、第二类海水水质标准；秋季和冬季大部分为清洁或较清洁海域，个别海域活性磷酸盐指数劣于第四类海水水质标准。根据《汕头市海洋环境状况公报 2017》，本工程施工过程中，广澳湾春季和夏季的海水符合第一、第二类海水水质标准；秋季，大部分海域海水符合第二类海水水质标准，濠江区东屿和西屿邻近海域海水活性磷酸盐劣于第四类海水水质标准；冬季，海水中活性磷酸盐不符合第二类海水水质标准，其他指标均符合第一、第二类海水水质标准。由此可知，本工程施工疏浚产生的悬浮物未对广澳湾海域水质产生明显影响，侧面证实环评报告书所预测"施工期疏浚产生的悬浮物，在二期防波堤范围内的疏浚段由于潮流很弱，悬浮物不易扩散，形成小范围浓度较高的区域，悬浮物消散基本依靠自然沉降；防波堤口门外的疏浚段，因处于较强的潮流场下，加之水深较大，利于悬浮物扩散，最高不超过 100 mg/L。其大于 100 mg/L 的范围主要在疏浚施工点附近，对周边水域影响较小"的观点。因此，本工程施工未对水环境敏感目标——广澳湾海洋保护区、龙虎山度假村和中信度假村造成明显影响。

根据验收阶段环境监测报告可知，工程所在海域水质监测项目大部分达到 GB 3097—1997 第一类海水水质标准。悬浮物浓度与施工期相比有所下降，说明本工程施工对周边水域影响较小，影响程度在环评报告书的预测范围内，且本工程施工没有对水质产生持续影响。

第 6 章　建设单位项目全过程环境保护管理要点研究

　　习近平总书记在党的十九大报告中指出，加快生态文明体制改革，建设美丽中国。生态环境问题是利国利民利子孙后代的一项重要工作，"为子孙后代留下天蓝、地绿、水清的生产生活环境"等重要论述，把党的宗旨与人民群众对良好生态环境的现实期待、对生态文明的美好憧憬紧密结合在一起。面对资源约束趋紧、环境污染严重、生态系统退化的严峻形势，必须树立尊重自然、顺应自然、保护自然的生态文明理念，走可持续发展道路。

　　建设项目（特别是生态影响类建设项目）立项后，对环境产生影响的情况将不可避免。为了尽可能减少建设项目对区域环境造成持续性、不可逆的负面影响，尤其是对动植物等生物种群造成的结构性破坏，国家及相关部门出台了一系列政策法规，强化制度对生态环境保护的约束与保障。

　　建设项目的竣工环境保护验收依据《中华人民共和国环境影响评价法》（以下简称《环评法》）、《建设项目环境保护管理条例》等法律法规，验证在项目建设全过程中是否有对环境造成持续不利影响，对生态系统产生结构性破坏的重要环节。竣工环境保护验收绝不是一个简单的技术工作，不可以在验收阶段机械照搬《建设项目竣工环境保护验收技术指南　污染影响类》等技术文件的内容来编制验收报告，而是应该将环境保护理念与管理思路融入项目设计、施工的全过程中。验收阶段是对工程配套的环境保护设施的建设、运行和效果，"三废"处理和综合利用，污染物排放，环境管理等进行全面调查，之后将项目产生的环境影响如实反映的过程。但建设单位往往会因为设计阶段未能充分考虑周边环境的敏感性，而触碰到自然保护区、生态严格控制区、水源保护区等敏感区域；或是会出现施工过程中未能注意工程的各类变动，而在不知不觉中超出了重大变动的红线；又或是会因为施工中未对环境监测、环境监理进行过程监管，直到验收调查时才发现监测结果超标、监理流于形式等问题，从而产生无法补救的后果……如此种种都将直接影响验收不能通过，造成难以弥补的经济损失和环境损害。

鉴于环境管理的重要性，本章介绍了"放管服"改革的背景及改革红利，分析了建设单位在这次改革中迎来的机遇与考验，阐述了建设单位在项目筹建阶段、施工阶段、验收阶段的环境管理要点及主要职责，并通过典型案例分析提出了预防措施，旨在为建设单位提供系统的环境管理思路和可借鉴的环境管理模式。

6.1 "放管服"改革

6.1.1 改革背景

党的十八大以来，一场深刻的"放管服"改革在神州大地上激荡，政府开始转变职能，市场在松绑除障中释放活力，引领中国经济巨轮劈波斩浪，扬帆远行。

2013 年 3 月发布了《国务院机构改革和职能转变方案》，这是改革开放以来我国第七次进行政府机构改革。2013 年 5 月 13 日，国务院召开全国电视电话会议，动员部署国务院机构职能转变工作，新一轮转变政府职能的大幕已经拉开。会议提出，要处理好政府与市场、政府与社会的关系，把该放的权力放掉，把该管的事务管好。这是在短短一个月内，国务院第三次提及简政放权。

2015 年 5 月 12 日，国务院召开全国推进简政放权放管结合职能转变工作电视电话会议，提出"放管服"改革的概念。2016 年 5 月 9 日，国务院召开全国推进简政放权放管结合优化服务改革电视电话会议，中共中央政治局常委、国务院总理李克强发表重要讲话。李克强总理在《政府工作报告》中指出深化简政放权、放管结合、优化服务。

"放管服"改革是全面深化改革的"先手棋"，也是转变政府职能的"当头炮"。"放"是中央政府下放行政权，减少没有法律依据和法律授权的行政权，厘清多个部门重复管理的行政权。"管"是政府部门创新和加强监管职能，利用新技术、新体制加强监管体制创新，以事中事后监管替代事前审批。"放"和"管"是改革的两项重要举措，"放管"并重，则意味着政府部门既要积极主动地放掉该放的权，又要认真负责地管好该管的事，以更有效的"管"促进更积极的"放"，使政府职能的转变更有成效。"服"是改革的目的，通过转变政府职能，将市场的事推向市场来决定，减少对市场主体过多的行政审批等行为，降低市场主体的市场运行的行政成本，促进市场主体的活力、动力和创造力。

6.1.2　改革红利

自"放管服"改革以来，随着各项相关政策逐步出台，各类改革红利也不断释放，惠及企业、创业者等各类市场主体；"行政审批制度改革""清理职业资格""事中事后监管""双随机、一公开"等关键词被反复提及，与此相关的重要举措也让市场主体"轻装上阵"，使政府部门的权力更透明、监管更高效。

自"放管服"改革以来，在行政审批制度改革方面，累计削减审批事项 697 项；在清理职业资格许可方面，清理取消不必要的职业资格许可 434 项；在市场准入方面，从 2018 年起正式实行全国统一的负面清单制度，清单以外的行业、领域、业务等各类市场主体均可依法平等进入；在监督管理方面也有创新举措，如改变以往事前审批这一规定动作，改用"双随机、一公开"的方式随机摇号抽取检查对象，查处结果及时向社会公开，创新日常监管手段，并且在涉及多领域的检查事项中，采用综合联动检查的方式取代多部门、多批次检查，切实减轻市场主体负担，强化市场主体责任。

6.2　建设项目环境保护领域的"放管服"

为落实生态环境领域的"放管服"改革，减轻建设单位负担，帮助建设单位履行生态环境保护与污染治理的主体责任，原环境保护部根据《建设项目环境保护管理条例》（以下简称《条例》），制定《建设项目竣工环境保护验收暂行办法》（以下简称《办法》），为建设单位自主开展竣工环境保护验收工作提供了规范的程序指引和标准；同时，也理顺了各级环境保护部门的监管职责，加强了建设项目全过程的环境保护监管。

6.2.1　建设单位迎来新机遇

一是选择环评单位更多元。《环评法》规定，建设单位可以委托技术单位对其建设项目开展环境影响评价，建设单位具备环境影响评价技术能力的，可以自行对其建设项目开展环境影响评价。《环评法》取消建设项目环境影响评价技术服务机构资质认定的门槛后，建设单位的选择更为多元化，即可以选择自行开展环评，也可以选择委托有能力（但不一定具有资质）的技术单位进行环评。

二是环评报批时间更灵活。《条例》规定，依法应当编制环境影响报告书、环境影响报告表的建设项目，建设单位应当在开工建设前将环境影响报告书、环境影响报告表报有审批权的环境保护行政主管部门审批。根据《条例》可知，环评报批时间由可行性研究阶段调整为开工建设前，将环评等行政审批事项由前置串联审批改为网上并联审批，具体报批时间由建设单位根据自身情况灵活掌握。

三是竣工环境保护验收更自主。《办法》规定，建设单位是建设项目竣工环境保护验收的责任主体，应当按照本办法规定的程序和标准，组织对配套建设的环境保护设施进行验收。《条例》取消了环境保护部门对建设项目环境保护设施竣工验收的审批，改为建设单位依照规定自主验收。

以上种种变化，是在深化"放管服"改革的背景下，市场主体迎来的新机遇。建设单位作为市场主体的重要组成，其创新活力将前所未有地被激发，其在环境管理方面的主观能动性也会被充分展现。是积极落实责任，还是消极应付监管，将成为建设单位自主的选择。

6.2.2　建设单位面临新考验

取消和下放不适应形势发展需求的审批事项，激发企业和社会创业创新的活力，是国务院确定的改革要求。但审批取消了，流程简化了，不等于没有监管了。相反地，以往单一的形式化监管模式将优化为全面、准确、严格的新兴监管模式，建设单位作为项目建设全过程中生态环境保护与污染治理的主体责任方，在环境管理能力方面将面临更为严峻的考验。

建设项目竣工验收是施工全过程的最后一道程序，而在此之前，建设单位必须自主进行竣工环境保护验收。虽然是自主验收，但却不能与《办法》规定的流程和标准背道而驰。《办法》第八条明确了建设单位不得提出验收合格意见的 9 种情形（参见本书 2.8 节）。纵观这 9 种情形可知，建设项目竣工环境保护验收工作的系统性、专业性极强。它并不是一个孤立的环节，而是涉及建设项目立项、可行性研究、设计、施工、竣工验收的各个阶段。同时，它也不是一项简单的技术工作，不可以在验收阶段机械照搬《建设项目竣工环境保护验收技术指南》等技术文件的内容来编制验收报告，而是需要作为验收责任主体的建设单位将环境保护理念与管理思路融入项目设计、施工的全过程中。

6.3　建设项目全过程环境管理

建设单位为了落实好环境保护主体责任，需要将环境保护与施工安全并重对待，组建专门的项目环境管理部门，统筹实施建设项目全过程的环境管理工作。由于环境保护工作专业技术性极强，当建设单位自身未配备环境管理等专业人员时，可以委托有能力的环境保护技术机构，为项目环境管理部门提供各项技术咨询服务，保障其日常管理工作稳定运行。

值得注意的是，委托技术机构提供专业服务，可通过合同形式约定其在合同执行过程中应当承担的责任，但是建设单位环境保护的主体责任并未发生变更，仍然需要对技术机构形成的各项成果和结论负责。因此，建设单位成立专门的环境管理部门与技术机构合作，推进各项环境保护工作的进行是十分必要的。

6.3.1　项目筹建阶段的环境管理

建设项目筹建阶段一般指工程正式开工之前进行施工准备的阶段。本阶段是明确全过程环境保护任务的关键期，只有在本阶段部署好环境管理的各项措施，才能在后续阶段事半功倍地完成各类环境保护任务。因此，项目筹建阶段所涉及的环境管理要点是组建专门的项目环境管理部门，建立环境管理相关制度，明确该部门相应的管理职责，配备专业的环境保护技术团队用以保障该部门的日常运作。

项目筹建阶段的环境管理职责包括：

①在项目选址前，项目环境管理部门应征询项目所在地生态环境、自然资源

等相关部门的意见，确认项目位置是否涉及当地生态保护红线，是否符合当地生态保护红线管理的有关规定。

②在项目开工建设前，项目环境管理部门应在充分比选技术团队的资质、业绩等条件后，委托专业的技术团队对项目开展环评，编制环评报告书（表），并向生态环境主管部门提出审批申请。在环评报批前，项目环境管理部门应对环评文件进行审查。尤其针对环评文件中提出的在工程建设过程中难以实现的或必要性不大的环境保护措施，需要项目环境管理部门与环评单位共同探讨出更为合理的替代方案，方案最终敲定后报相关部门审批。

③在项目初步设计阶段，项目环境管理部门应参与设计文件的审查，确保设计文件中包括专门的环境保护篇章，落实环评及其批复文件所要求的环境保护措施，涵盖环境保护设施投资概算。

④在环评批复后，如果项目设计发生变更，出现项目的性质、规模、地点，以及采用的生产工艺或者涉及的防治污染、防止生态破坏的措施发生变动的情况，项目环境管理部门应负责对照相应行业的建设项目重大变动清单进行审查，属于重大变动的，应重新报批环评文件。

⑤在项目签订施工合同前，项目环境管理部门应参与施工合同的审查，确保环评及其批复文件要求的环境保护设施建设纳入施工合同，确保环境保护设施的建设进度和资金。对于专项环境保护措施，出于对其专业性原因的考虑，应在招标文件的技术条款中明确具体要求，或采用单价项目，也可另行招标、签订施工合同，并按总体施工进度及时推进落实。

⑥在项目正式启动施工前，项目环境管理部门应复核环评批复文件的核准时间，确认开工时间距核准时间未超过 5 年，如超过 5 年则需要重新向原审批部门报审环评文件。

⑦项目环境管理部门应在落实以上全部事宜后，确定施工前各项环境保护措施符合相关法律法规及指导文件，再提请启动项目施工。

6.3.2 项目施工阶段环境管理

建设项目施工阶段一般指工程从正式开工起，到建成设计规定的全部工程内容并达到竣工验收标准为止的阶段。本阶段是落实各生产环节、各环境要素保护任务的攻坚期，只有在本阶段结合工程施工进度，提前规划好施工期各项环境保护措施实施的进度计划，才能保证各项环境保护任务不缺不漏，有条不紊地按进度执行。因此，项目施工阶段涉及的环境管理要点是落实环境管理制度，按计划实施施工期各环节、各要素环境保护措施的保障。

项目施工阶段的环境管理职责包括：

①在项目正式开工建设前，项目环境管理部门应负责组织研究环评文件及其批复要求，并与施工管理部门对接施工进度，编制《建设项目环境保护实施计划方案》，制定施工期环境保护措施实施的进度和任务计划。在施工过程中，项目环境管理部门可以依据《建设项目环境保护实施计划方案》，统筹组织各项环境保护措施的实施，落实环境保护资金，保证环境保护设施同时设计、同时施工、同时投产使用。

②在项目启动施工后，项目环境管理部门应尽快确定、落实施工期环境监测、施工期环境监理，以及应急预案制定、竣工环境保护验收等环境保护咨询服务工作的招标事宜，如条件允许，可与施工招标同期进行，确保施工期环境保护管理相关工作能提前部署、有序推进。

③在项目施工过程中，项目环境管理部门应定期监管环境监理单位落实施工期环境监理合同的情况，并组织审查环境监理单位提交的环境监理报告。报告需要说明，在一段时间内监理单位督促施工单位按合同要求做好环境保护临时措施，以及建设环境保护工程的实际情况和存在问题，还需报告环境保护工程质量及环境保护投资进度等相关内容。

④在项目施工过程中，项目环境管理部门应定期监管环境监测单位落实施工期环境监测合同的情况，并组织审查环境监测单位提交的环境检测与评价报告。项目环境管理部门应组织监测单位对评价报告中不达标的监测项目进行复核，如核实确为施工因素造成不达标的，则应立即要求施工单位进行整改，并及时跟进整改进度及效果。

⑤在项目施工过程中，项目环境管理部门应严格对照环评及其批复要求，确定项目主体工程及环境保护工程的实际建设情况与设计文件是否一致，如出现建设过程的规模、地点，以及采用的生产工艺或者防治污染、防止生态破坏的措施发生重大变动的情况，应尽早组织补充环评相关手续。

⑥有阶段验收要求的项目，如水利水电类建设项目的蓄水环境保护验收，则需要在拟定下闸蓄水时间前（至少半年），由项目环境管理部门组织启动并推进项目的蓄水环境保护验收工作。包括确定验收单位，定期监管、验收单位的调查进度，组织审查验收单位提交的验收调查报告，按相关规定进行验收报告公示，并向生态环境部门报送相关信息，接受监督检查。

⑦在项目施工的全过程中，建设单位应主动接受社会监督，在项目重要通道附近设置公示牌，公布环境保护投诉与沟通的联系方式及责任人。项目环境管理部门应代表建设单位妥善处理各类投诉事宜，并将处理结果及时向社会公示。

6.3.3   项目验收阶段环境管理

建设项目竣工验收阶段一般指工程施工全部完成，符合设计要求，并具备竣工验收条件后，建设单位完成各类专项验收及工程整体竣工验收的阶段。本章所指的验收主要为项目的竣工环境保护验收，而非工程整体竣工验收。因为竣工环境保护验收涉及面广，须严格按照《办法》规定的程序和标准对配套的环境保护设施建设、运行和效果，以及"三废"处理和综合利用、污染物排放、环境管理等情况进行全面系统的调查，则一般会在施工中后期提前启动验收工作，所以项目验收阶段会与施工阶段在时间上有部分重叠。项目验收阶段所涉及的环境管理要点是提前规划部署环境保护验收的各项工作，保证竣工环境保护验收调查的顺利开展，使验收出具的结论真实可靠。

项目验收阶段的环境管理职责包括：

①在项目拟定竣工前（1年以上），项目环境管理部门可启动项目运行期的《突发环境事件应急预案》编制工作。组织技术单位开展环境风险评估、应急资源调查、应急预案编制等工作。项目环境管理部门应组织对技术单位提交成果及结论进行审查，审查通过后报项目所在地市生态环境部门备案。应急预案应于项目竣工环境保护验收前完成。

②在项目拟定竣工前（1年以上），项目环境管理部门可启动项目竣工环境保护验收工作。组织验收单位开展项目竣工环境保护验收调查，包括对环境保护措施的落实及效果等情况进行全面调查，形成验收调查报告。项目环境管理部门应对验收单位提交的成果及结论进行审查，审查通过后进行公示，保证项目投入试

运行 3 个月（最迟不超过 1 年）内，完成竣工环境保护验收工作。竣工环境保护验收工作的完成以按相关规定进行环境保护验收报告公示为标志。

③在验收工作完成后，项目环境管理部门应跟进验收单位按要求登录全国建设项目竣工环境保护验收信息平台，完成填报相关信息的工作，并向项目所在地环境保护主管部门报送相关资料，接受监督审查。

④如有需要进行分期运行的项目，应提前做好规划，进行分期环境保护验收后方可分期投入运行。

⑤项目环境管理部门应确保项目在完成环境保护验收工作前不正式运行，且不对外发布正式运行的公告。

6.4　项目环境管理案例分析

6.4.1　组建专门的环境管理部门

某水电站项目各部门、参建及服务单位的环境保护职责分工案例

基建部：主要负责指导、督促整体项目环境保护工作，制定环境保护相关指导性文件，并督促环境保护工作的实施进度和实施质量。

建管公司：承担所管辖项目的环境保护工作的主要监督责任，负责协调、统筹和监督所管辖项目环境保护工作。

业主项目部：作为项目施工期环境保护工作实施的责任主体，负责统筹和组织项目施工期环境保护工作的实施。

运行电厂：作为项目运行期环境保护工作实施的责任主体，负责统筹和组织项目运行期环境保护工作的实施。

设计单位：对环评文件及其批复提出的环境保护要求进行设计落实，并编制预算、概算。

施工单位：按照环评文件及合同要求，落实责任范围内的环境保护措施，建设环境保护设施。

> 　　监理单位：负责审批施工单位的环境保护工程实施方案，监督环境保护工作实施的工程质量和实施进度。
>
> 　　环境监理单位：依据环评及其批复要求，协助业主项目部对项目环境保护措施的实施情况进行跟踪监督，及时通报存在的问题。协助主体工程监理，审核施工单位的环境保护工程实施方案。负责现场环境监测的监督工作。

　　（1）案例分析

　　该水电站项目建设单位为落实其环境保护主体责任，梳理了各阶段的环境保护职责并进行了分工。从分工涉及的部门和单位数量来看，共涉及 4 个内部管理部门和 4 个外部参建及服务单位。此分工可结合建设单位已有组织架构和职责分工，将环境保护职责拆分到现有各部门和各参建及服务单位中，再由部门和参建及服务单位各司其职，落实好分工职责，不需要在原本架构外组建新部门专门统筹及负责环境保护工作。

　　虽然案例中对项目所涉及的环境保护工作分工简单、易操作，但是其成效却并不理想，其原因有以下几方面。

　　①不设立专门的统筹协调部门，而是由各部门和参建及服务单位分别履行职责，又都不承担主要责任，导致在职责界定不明的情况下发生推诿扯皮的情况。

　　②各部门在环境保护职责之外都还有各自的主要职责，如建设管理部门建管公司主要管理工程进展等问题，安全质量部门主要管理工程安全等问题，施工单位的本职是按合同和设计要求进行施工等。因此，无法保证这些管理部门和参建及服务单位在其主要职责以外对环境保护工作进行有力的执行。

　　③参建及服务单位作为被委托单位，合同之外对其规定附加的管理职责，将造成责权不匹配，最终使责任无法落实。以设计单位的职责为例，分工要求其对环评文件及其批复提出的环境保护要求进行设计落实，并编制预算、概算，但其所编制的投资预算是否真正纳入工程整体投资，是否会被不合理地压减或删除，则并没有其他管理部门进行跟踪。如若出现压减或删除，设计单位作为委托单位，是很难直接与工程的投资概算部门或领导层进行沟通和争取的。一旦争取无果，设计单位也只能说明其已履行了分工职责，也尽到了沟通和争取的义务。最终环境保护投资无法落实，环境保护工程和设施无法配套的责任也必须由建设单位自

行承担。

（2）经验借鉴

工程安全、投资预算、施工进度是建设单位领导层一直以来关注的重点。但随着我国生态文明建设的深入发展，以及生态环境部门对建设项目全过程监督管理的加强，环境管理在工程整体管理过程中的地位日益凸显。生态安全必须与工程安全并重；环境保护投资必须纳入工程投资总预算；环境保护设施设计、施工、投产进度必须与主体工程同步。因此，在建设单位领导班子下设专门的环境管理部门，与安全质量、投资预算、建设管理等管理部门并行，专职负责项目的环境保护工作，将有利于保障建设单位主动履行生态环境保护与污染防治的主体责任（图 6-1）。

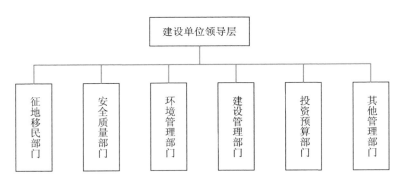

图 6-1　建设单位组织架构

6.4.2　建立顺畅的多维联动机制

环境管理部门是由建设单位组建的、内部专职管理环境相关事务的部门。项目建设全过程涉及的任务多，联系的部门广，为保障各环节环境保护工作顺利开展，环境管理部门最重要的职责是建立顺畅的联动机制。这一联动包括内部和外部联动两部分。其中，内部的联动包括与上级领导层的上下联动，与其他管理部门的平行联动；而外部的联动则包括与项目所涉及的监管部门间的联动，与项目影响范围周边群众和单位的联动，与参建及服务单位间的联动等（图 6-2）。

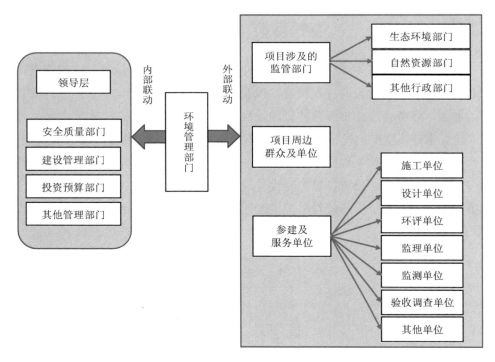

图 6-2   环境管理部门联动关系

某大型水资源配置工程的"三同时"制度落实情况

某大型水资源配置工程严格执行环境保护设施与主体工程同时设计、同时施工、同时投产使用的环境保护"三同时"制度，落实各项环境保护措施。

①同时设计：在项目的可行性研究阶段及初步设计阶段，项目环境管理部门抓准环评及其批复要求，积极与可行性研究及初步设计的技术单位对接，将各项环境保护措施纳入可行性研究报告及初步设计报告；项目环境管理部门与设计单位联系，确保将可行性研究报告及初步设计报告涉及的环境保护设施，纳入主体工程进行同步设计；项目环境管理部门与项目投资预算部门协调，确保环境保护设施的设计内容已纳入主体工程的设计合同，跟踪项目总体概算确实涵盖环境保护设施的概算，且已纳入工程建设合同，并与主体工程进行同步招标。

②同时施工：在项目的施工阶段，项目环境管理部门与施工单位密切对接，确保环境保护设施的施工进度，避免施工单位因不重视环境保护而造成的环境工程延误或质量不过关等情况；项目环境管理部门与施工期环境监测单位对接，制订和落实各项监测计划，定期对监测结果进行评估，并根据评估结论对措施执行不到位的，提出整改方案，并督促相关部门落实；项目环境管理部门还应定期对项目影响范围周边单位和群众进行意见调查，公众反映强烈的环境问题，要进一步优化环境保护措施，报项目的领导部门批准后，落实到相关责任部门或单位进行整改，并将整改情况及时公示反馈。

③同时投产：在项目的运行阶段，为避免环境工程及环境保护设施成为应付验收后的"摆设"，项目环境管理部门要与项目建设管理部门对接，确保环境工程及环境保护设施的运行；项目环境管理部门还应落实好运行期的环境监测，并与环境监测单位对接，按照环境影响后评价的要求，制订和落实各项监测计划，根据监测及评估结论，及时发现项目对环境造成的不利影响，并研究解决措施，跟踪措施效果；项目环境管理部门还应做好运行期日常的环境检查，接受各级生态环境主管部门日常监督。

（1）案例分析

上述案例是某大型水资源配置工程为落实环评批复要求，建立了企业内部环境管理机构，明确由该部门负责牵头履行环境保护责任。作为牵头部门，其在项目全过程中积极与内外10余个部门（单位）进行有效沟通，以保证各项任务有序推进，责任到人，发现问题及时组织整改，并将整改效果反馈公示，形成了良性的管理闭环。

（2）经验借鉴

由上述案例可知，从项目的立项到施工，再到验收后运行，各个环节都穿插着多项环境保护任务，项目环境管理部门需要承担大量组织、对接、沟通、协调、汇报工作。建立多维联动机制，即搭建高效的沟通平台，将环境管理部门作为平台的枢纽，赋予其代表项目单位履行环境管理的权利，可以保证环境管理部门责权匹配，保障其在工作过程中组织有力、沟通顺畅。

6.4.3 配备专业的环境保护管理队伍

某水库及灌区工程引入环境保护管家服务

一、固定服务

按照常规固有模式，按年度为建设项目提供常规管家式服务。包括制定环境保护规划、开展环境保护检查、管理环境保护档案、组织环保培训和日常咨询等服务。

①环境保护规划：在工程筹建阶段为业主规划好后续各阶段的环境保护任务和措施，并按规定要求倒排出各任务及措施的执行时间（表 6-1），以保证任务措施不缺不漏。

②环境保护检查：在工程施工阶段，定期替业主组织环境保护检查，重点检查施工过程中的环境监理是否监管到位，评估工程是否存在环境监管上的缺漏，检查环境监测单位作业是否规范，跟踪监测超标结论等。

③档案管理：定期组织专人对工程各阶段的环境保护资料进行归档整理，包括环境保护工程设计文件、环境保护设备采购文件、环境监理报告、监测与评价报告、公众参与调查意见等，便于项目验收时资料的查询与使用。

④环境保护培训：组织专家团队针对工程进度及最新环境保护要求，面向项目相关管理部门和参建及服务单位进行不定期环境保护培训，内容覆盖环境保护政策法规、环境保护设备操作规程、环境保护规划实施建议、环境应急演练等方面。

⑤日常咨询：响应业主日常的环境保护问题咨询，协调相关生态环境主管部门，解决政策、标准、环评和验收等各方面的技术问题。

二、定制服务

根据项目类型和业主需求，不定期地为项目定制专业化的环境保护服务，解决工程涉及的特殊环境保护问题。

①提供环境影响评价、环境应急预案、竣工环境保护验收、环境监理和环境监测等专项技术服务。由于现在环评单位资质要求已经放开，竣工环境保护验收也转为自主验收的形式，业主的选择范围更广，自主性更强。业主可根据自身的专业技术实力和需求，要求环境保护管家团队为其提供"一揽子"的技术服务，或者有针对性地提供技术咨询。从根本上整合技术服务提供方，为业主省去与多家服务单位沟通的环节，从发现问题、诊断问题到解决问题，提供集成的技术服务。

表6-1　环境保护管家为某水库及灌区工程建设项目设计的环境保护规划进度

序号	环境保护工程	工程进度 施工阶段 第1年 1/2/3/4季度	第2年 1/2/3/4季度	第3年 1/2/3/4季度	第4年 1/2/3/4季度	试运行阶段 第5年 1/2/3/4季度	运行阶段 5年/10年	说　明
	工程进度说明	泄洪隧洞贯通，截流戗堤、临时围堰填筑，实现坝基右方开挖，大坝坝体开始填筑	完成溢洪道道混凝土浇筑，大坝坝体填筑至207.5 m高程，开始安装坝后电站机组	大坝下游围堰拆除及大坝坝体建设，升鱼机、渠首电站全部机组安装，导流泄洪洞开始泄洪，完成总干渠水，跨江倒虹吸管，东干渠、西干渠等工程建设	完成总干渠海脉渡槽、新建支渠、现有灌区续建配套支渠、灌区总干渠等工程建设，基本完成主体工程建设	项目投入试运行，并完成验收	正式运行	
1	库区营地一体化污水处理设备							与营地同步建成使用
2	库区右岸混凝土系统废水处理系统							截流后撤销
3	隧道涌水混凝沉淀系统							与隧道工区同步建成使用
4	机修厂含油废水油水分离器							与机修厂同步建成使用
5	施工现场生活垃圾池							施工区生活营地投入使用前配备

序号	环境保护工程	工程进度	说明
	工程进度	**施工阶段**：泄洪隧洞贯通，截流戗堤，临时围堰填筑，实现基坑土石方开挖，大坝坝体开始填筑（第1年）；完成溢洪道混凝土浇筑，大坝坝体填筑至207.5 m高程，开始安装坝后电站机组（第2年）；大坝下游围堰拆除及大坝坝体建设，升鱼机，渠首电站全部机组安装，洞开始下闸蓄水，完成总干渠跨江倒虹吸管，东干渠、西干渠等工程建设（第3年）；完成总干渠海脉渡槽，新建支渠、现有灌区续建配套支渠、灌区总干渠建设，基本完成主体工程建设（第4年）。**试运行阶段**：项目投入试运行，并完成验收（第5年）。**运行阶段**：正式运行（5年、10年）。	
6	施工区声屏障		靠近村庄的各施工区建设前应建成
7	施工区表土存放与收集		各施工区开工平整前应清理表土并集中存放
8	其他施工营地三级化粪池		与施工营地同步建成使用
9	环境保护宣传教育		建议每年举行1次，各工区开工前举行
10	地下水监测		施工期及运行期均进行

序号	环境保护工程	施工阶段 第1年 1季度	2季度	3季度	4季度	第2年 1季度	2季度	3季度	4季度	第3年 1季度	2季度	3季度	4季度	第4年 1季度	2季度	3季度	4季度	试运行阶段 第5年 1季度	2季度	3季度	4季度	运行阶段 5年	10年	说明
	工程进度	泄洪隧洞贯通，截流戗堤，临时围堰筑成，实现坝基土石方开挖，大坝坝体开始填筑				完成溢洪道混凝土浇筑，大坝坝体填筑至207.5 m高程，开始安装坝后电站机组				大坝下游围堰拆除及大坝坝体建设，升鱼机、渠首电站全部机组安装，导流泄洪洞开始泄洪，完成总干渠东干渠、西干渠等工程建设				完成总干渠海脉渡槽、新建支渠，现有灌区续建配套支渠、灌区总干渠等工程建设，基本完成主体工程建设				项目投入试运行，并完成验收				正式运行		
11	爆破飞石防护墙																							—
12	珍稀保护植物迁移				■					■	■													保护植物施工前应迁移、挂牌
13	生态流量下泄措施				■					■	■													蓄水期用预埋管，死水位用发电机组
14	分层取水措施														■	■								—
15	其他混凝土搅拌站废水自然沉淀系统					■	■	■	■	■														其他混凝土搅拌站废水自然沉淀系统与混凝土搅拌和系统同步建成使用
16	鱼类栖息地保护					■	■																	截流前完成
17	库区左岸混凝土系统的废水处理系统					■	■	■	■															截流后建设

序号	环境保护工程	第1年 Q1	Q2	Q3	Q4	第2年 Q1	Q2	Q3	Q4	第3年 Q1	Q2	Q3	Q4	第4年 Q1	Q2	Q3	Q4	第5年 Q1	Q2	Q3	Q4	运行阶段 5年	10年	说明
	工程进度	泄洪隧洞贯通，截流戗堤，临时围堰填筑，实现大坝基坑开挖，大坝土石方开始填筑				完成溢洪道混凝土浇筑，大坝坝体填筑至207.5 m高程，开始安装坝后电站机组				大坝下游围堰拆除及大坝坝体建设，升鱼机、渠首电站全部机组安装，导流泄洪洞开始泄洪，洞下闸蓄水，完成总干渠、跨江倒虹吸管、东干渠、西干渠等工程建设				完成总干渠海脉渡槽、新建支渠、现有灌区续建配套支渠、灌区总干渠等工程建设，基本完成主体工程建设				项目投入试运行，并完成验收				正式运行		
18	叠梁门分层取水专项设计研究																							应建模研究
19	保护区警示标志牌、宣传牌																							保护区开工建设前应完成
20	鱼类增殖站					■	■	■	■															截流前建成
21	野生动物盖板通道					■	■	■	■	■	■	■	■											保护区建设前期完成
22	白头叶猴保护区支渠盖板暗涵					■	■	■	■	■	■	■	■											—
23	保护区动物取水口（饮用水水池）					■	■	■	■	■	■	■	■											与保护区支渠同步建成

工程进度（工程进度说明）：

- 第1年：泄洪隧洞贯通，截流戗堤、临时围堰填筑，实现坝基土石方开挖，大坝坝体开始填筑
- 第2年：完成溢洪道混凝土浇筑，大坝坝体填筑至207.5 m高程，开始安装现场后电站安装机组
- 第3年：大坝下游围堰拆除及大坝坝体建设，升鱼机、首台电站全部机组安装，导流泄洪洞开始下闸蓄水，完成总干渠、跨江倒虹吸管，东干渠、西干渠等工程建设
- 第4年：完成总干渠海脉渡槽、新建支渠，现有灌区续建配套支渠、灌区总干渠等工程建设，基本完成主体工程建设
- 试运行阶段：项目投入试运行，并完成验收
- 运行阶段：正式运行

序号	环境保护工程	施工阶段 第1年				第2年				第3年				第4年				试运行阶段 第5年				运行阶段 5年	10年	说明
		1季度	2季度	3季度	4季度	1季度	2季度	3季度	4季度	1季度	2季度	3季度	4季度	1季度	2季度	3季度	4季度	1季度	2季度	3季度	4季度			
24	移民区生活污水处理设施					■	■	■	■	■	■	■	■											与移民安置区同步建成使用
25	蓄水和运行期生态调度方案研究报告					■	■	■	■	■	■	■	■											蓄水前应完成
26	施工迹地植被恢复													■	■	■	■							各工区建设完成后尽快进行
27	野生动植物资源监测									■	■	■	■	■	■	■	■	■	■	■	■	■		施工期及运行期均进行
28	升鱼机、过鱼系统									■	■	■	■											—
29	生态流量监控设施									■	■	■	■	■	■	■	■							与生态流量下泄同步建成

序号	环境保护工程	施工阶段 第1年 (1~4季度)	施工阶段 第2年 (1~4季度)	施工阶段 第3年 (1~4季度)	施工阶段 第4年 (1~4季度)	试运行阶段 第5年 (1~4季度)	运行阶段 5年	运行阶段 10年	说明
	工程进度	泄洪隧洞贯通，泄洪截流戗堤，临时围堰堆筑，实现坝基土石方开挖，大坝坝体开始填筑	完成溢洪道混凝土浇筑，大坝坝体填筑至207.5 m高程，开始安装坝后电站机组	大坝下游围堰拆除及大坝坝体建设，升鱼机、渠首电站全部机组安装，导流泄洪洞开始下闸蓄水，完成总干渠跨渠倒虹吸管、东干渠、西干渠等工程建设	完成总干渠海脉渡槽、新建支渠，现有灌区支渠、灌区配套支渠、总干渠建设，基本完成主体工程建设	项目投入试运行，并完成验收	正式运行		
30	移民安置区环境保护宣传教育								安置区投入使用后定期进行
31	蓄水前库底清理并验收								蓄水前完成
32	管理所垃圾收集池								—
33	水功能区划								—
34	库区生态环境保护规划								—
35	增殖放流效果监测和评估								与增殖放流同步进行
36	鱼类增殖放流								每年实施1次；共10年

序号	环境保护工程	施工阶段 第1年				第2年				第3年				第4年				试运行阶段 第5年				运行阶段 5年	10年	说明
		1季度	2季度	3季度	4季度	1季度	2季度	3季度	4季度	1季度	2季度	3季度	4季度	1季度	2季度	3季度	4季度	1季度	2季度	3季度	4季度			
	工程进度	泄洪隧洞贯通、截流戗堤、临时围堰填筑、实现大坝基土石方开挖，大坝坝体开始填筑				完成溢洪道混凝土浇筑、大坝坝体填筑至207.5 m高程，开始安装坝后电站机组				大坝下游围堰拆除及大坝坝体建设、开启鱼机、首电站全部机组安装、导流泄洪洞开始下闸蓄水、完成总干渠跨江倒虹吸管、东干渠、西干渠等工程建设				完成总干渠海脉渡槽、新建支渠、现有灌区续建配套支渠、总干渠等工程建设、基本完成主体工程建设				项目投入试运行，并完成验收				正式运行		
37	退水河沟人工湿地											■	■	■	■	■	■							—
38	生态浮床											■	■	■	■	■	■							—
39	水獭栖息的积水塘													■	■	■	■							—
40	骆英水库库区水质保护规划													■	■	■	■							—
41	饮用水水源保护区划分技术报告													■	■	■	■							—
42	水环境保护规划研究																			■	■			—
43	鱼类驯养与繁殖技术研究																						■	—

序号	环境保护工程	工程进度 施工阶段					试运行阶段 第5年				运行阶段		说 明
		第1年 1季度 2季度 3季度 4季度	第2年 1季度 2季度 3季度 4季度	第3年 1季度 2季度 3季度 4季度	第4年 1季度 2季度 3季度 4季度		1季度	2季度	3季度	4季度	5年	10年	
		第1年：泄洪隧洞贯通，截流戗堤，临时围堰填筑，实现大坝基坑土石方开挖，大坝坝体开始填筑 第2年：完成溢洪道混凝土浇筑，大坝坝体填筑至207.5 m高程，开始安装坝后电站机组 第3年：大坝下游围堰拆除及大坝坝体建设、升鱼机、渠首电站全部机组安装，导流泄洪洞开始下闸蓄水，完成总干渠跨工倒虹吸管、东干渠、西干渠等工程建设 第4年：完成总干渠海脉渡槽、新建支渠、现有灌区续建配套支渠、灌区总干渠建设，基本完成主体工程建设				项目投入试运行，并完成验收				正式运行		
44	运行期管理所生活污水处理设施												与管理所同步建设
45	运行期库区及大坝下游水温监测系统												—
46	过鱼效果监测与评估												—
47	编制突发环境事件应急预案												环境保护验收的前提
48	竣工环境保护验收												应在试运行1年内完成
49	陆生生态调查												—
50	环境影响后评价												项目运行后3～5年进行

注：蓝色和绿色为底均表示示意进度条，蓝色、绿色同隔以示区分。

②提供环境保护设施（备）设计、预算、环境保护设施建设运营、环境保护设备采购、安装与运维"一条龙"服务。由环境保护管家团队研究环评及其批复文件要求，设计相应的环境保护设施（备），经论证通过后将设施（备）采购预算纳入工程总体投资，跟踪预算批复，按要求进行环境保护设施建设及建成后的运营，在采购环境保护设备后完成设备的安装调试及日常运维。

③提供环境保护整改的技术指导。根据环评报告及其批复文件要求，以及环境保护检查发现的问题，为业主提供技术支持和专业指导。编制整改建议方案，指明存在的环境保护问题、问题依据和整改标准、整改措施建议、整改责任主体、整改计划与完成时间。根据整改建议方案，业主可定期掌握和跟踪整改进度和成效。

（1）案例分析

一般而言，工程管理人员大多不是环境类专业人员，即使组建了专门的环境管理部门，也需要专门招聘大量的环境类专业人才专职从事工程各阶段、各环节的环境管理和技术工作，才能履行好该部门的各项职责（职责内容详见 6.3 节）。但建设项目的环境保护工作任务大多集中在施工期，一旦工程进入运行期后，环境管理部门则只需要进行日常监管的工作，而在技术方面则至少每 3 年对环境应急预案进行一次回顾性评估，并按相关程序实施修订工作，或根据环评批复要求开展环境影响后评价工作。总体来说，在施工期后环境管理部门的人员需求就会大幅减少。因此，招聘大量的环境类专业人员在施工期从事环境管理及技术工作是不适宜的。

本案例中通过聘请第三方机构作为环境保护管家，为环境管理部门出谋划策提供专业咨询和技术服务，协助其履行各项职责。而环境管理部门只需要配备少量管理人员，进行与其他管理部门协调，与参建及服务单位沟通，与上级领导汇报的工作即可。

（2）经验借鉴

环境保护管家服务为业主提供了"一站式"环境保护托管服务，统筹解决建设项目全过程、全方位、全覆盖的环境问题。环境保护管家服务是系统的服务，从解决环境问题单一化、碎片化向综合化、系统化发展，提高了决策的科学性，有效降低了建设单位的用人成本，同时也减少了因管理不专业或不到位造成的高昂损失。专业的环境保护管家服务，可为业主提供全方位的精准服务，避免项目因环境保护问题带来的负面影响，促使项目产生经济效益的同时，也能产生良好的环境效益和社会效益。

6.4.4　建立完善的管理考核制度

某大型水资源配置工程的考核制度

某大型水资源配置工程建设单位在项目启动之初，为加强工程建设管理，确保实现安全、质量、进度、投资、廉政、综合等管理目标，特制并印发了《××工程参建单位考核管理办法》。

以下节选部分相关内容。

第三条　本办法适用于参与项目的施工、监理、服务类参建单位的考核管理。施工类参建单位（施工单位）指土建施工、机电设备安装、金属结构制造与安装单位，监理类参建单位（监理单位）指施工监理单位，服务类参建单位（服务单位）指安全监测、质量检测、水土保持监测、环境保护监测单位。未列入上述范围的其他参建单位，依照合同约定或专项考核办法进行考核。

第四条　考核实行分级分组考核。分级考核是指对参建单位进行日常考核和季度、年度排名考核，其中日常考核又分为打分考核和专项考核，打分考核包括安全、质量、进度、投资、廉政、综合六部分内容；季度排名考核由日常考核排名和季度强制排名构成；年度排名考核由季度排名和年度强制排名构成。分组考核是指将参建单位划分为施工组、监理组、服务组分别进行考核。

第八条　考核方式与实施。打分考核由公司职能部门、各管理部、各监理单位依据安全、质量、进度、投资、廉政、综合六部分内容相对应的考核细则和考核表格进行，原则上职能部门与管理部对每部分考核内容的考核权重均为50%（多个管理部对同一被考核单位进行考核时，取各管理部对每部分考核内容的平均值作为管理部打分考核结果，考核细则中对考核权重另有约定的从其约定）。

关于加分：根据参建单位工作情况，可对被考核单位进行加分奖励，加分奖励记入当季打分考核得分，公司各职能部门、各管理部、各领导均可提出加分建议，经公司经营班子会确认后予以加分。

关于扣分：上级单位对参建单位参与项目建设活动的检查结果作为打分考核的依据。对照上级单位检查结果和整改要求，在规定期限内完成整改的，依据考核细则和考核表格进行打分考核；在规定期限内未完成整改的或整改不合格的，在打分考核过程中可加倍扣分。

第十四条　服务单位考核结果应用。

（一）根据服务单位季度和年度考核结果对服务单位进行强制排名

（二）季度考核违约金扣减

1. 季度考核排名最后一名的扣减考核违约金 5 万元/次，其他名次的单位不扣减考核违约金。

2. 每期考核结果需扣减的考核违约金在当期进度款支付时予以扣减，不足扣减的，从下期进度款中扣减，直到扣减完毕为止。

（三）季度考核结果应用

1. 服务单位应在其公司（集团）内部通报、传阅建设单位对本标段项目管理机构及相关人员的考核、评比结果，并向建设单位反馈书面通报、传阅记录。

2. 季度考核排名为前三名的，由建设单位在季度建设管理会议上授予季度考核第一、第二、第三名流动红旗。

3. 季度考核评比中排最后一名的，服务单位项目负责人应在季度建设管理会议后的一周内向建设单位上报改进措施方案；若连续两个季度考核排最后一名的，建设单位有权约谈服务单位领导小组组长；若连续三个季度考核排最后一名的，服务单位应召开公司党委会或经营班子会（建设单位可视情况列席）研究制定整改方案并向建设单位反馈书面整改方案，建设单位有权约谈服务单位法定代表人，有权要求撤换项目负责人，有权要求服务单位领导小组主要领导进驻现场支持项目管理；若连续四个季度考核排最后一名的，建设单位有权向服务单位上级管理单位书面通报考核结果；若服务单位不履行义务的，视为服务单位违约。

（四）年度考核违约金扣减

1. 年度考核排名为前三名的，返还当年季度考核所扣减考核违约金（如有）总金额的 100%；年度考核排名为第四名至第六名的，返还当年季度考核所扣减考核违约金（如有）总金额的 50%；年度考核排名为第七名及以后的，不返还当年季度考核已扣减考核违约金（如有）。

2. 年度考核返还的考核违约金随当期进度款支付。

（五）年度考核结果应用

1. 服务单位应在其公司（集团）内部通报、传阅建设单位对本标段项目管理机构及相关人员的考核、评比结果，并向建设单位反馈书面通报、传阅记录。

2. 年度考核排名为前二名的，建设单位授予服务单位当年年度优秀服务单位，相应项目负责人可参与评选当年年度优秀项目负责人；承包人可推举一名本标段管理人员参与评选年度优秀检测（监测）工程师和一名先进工作者。

3. 公司可根据实际情况对获奖人员给予奖励。

4. 年度考核排名为最后一名的服务单位，应召开公司党委会或经营班子会（建设单位可视情况列席）研究制定整改方案并向建设单位反馈书面整改方案，项目负责人应在年度建设管理会议后一周内向建设单位上报改进措施方案，建设单位有权约谈承包人领导小组组长。若服务单位不履行义务的，视为服务单位违约。

（1）案例分析

建立完善的管理考核制度是管理有效执行的保障。为保障各项环境管理工作有效开展，有必要建立相应的考核制度，确保各项管理工作按要求执行。本案例是某大型水资源配置工程建设单位制定的考核制度，其中节选了关于考核办法适用范围、考核方式及考核结果应用等相关内容，并以环境保护监测等服务单位为例，列举了其需要接受业主单位在 6 个方面的考核，考核细则及评分见表 6-2～表 6-7。

本案例中的建设单位运用考核制度，从安全、质量、进度、投资、廉政及综合 6 个方面对各参建及服务单位履行合同的过程进行管理，包含内容十分丰富。以环境监测单位为例，其需要接受考核的内容主要包括以下 6 点。

①安全方面：主要考核监测单位的检测资质等级证书、计量认证证书和人员资格的符合性；定期实施安全教育培训的情况；施工现场作业是否符合施工现场安全作业要求；是否有相应的防护控制措施等。

②质量方面：主要从检测人员、检测报告、样品管理、设备管理等方面考核监测单位的监测工作是否符合相关规范要求。

③进度方面：主要考核监测单位是否按监测计划实施监测；周报/月报出具是

否及时；质量整改是否及时到位等。

④投资方面：主要考核实际监测工作量是否与合同约定相符。

⑤廉政方面：主要考核被考核对象与建设单位业主或监理人员是否有工作以外非必要交往的；拒不执行监理或业主指令，或有欺骗行为的；工作中弄虚作假，损害业主利益的；不自觉接受监理或建设单位检查、指导监督、协调的；其他违反廉政纪律的行为。

⑥综合方面：从档案管理、宣传管理、党群工作等方面进行考核。

其中相对于其他管理制度考核，对综合方面的考核十分重要，如在档案管理中，项目资料是否齐全完备将直接影响后期项目验收。因此，档案管理的考核要求列明了 16 条规定，以确保档案制度完备，各阶段过程资料及成果档案完备可查。

（2）经验借鉴

本案例中建设单位建立了较为完备的考核制度，执行季度或年度考核制度可确保各参建及服务单位积极履行合同。

考核排名及相应奖励措施能有效激励各参建及服务单位主动为项目提供增值服务，如派出专家在合同范围之外提供服务的，每次加 1 分。考核排名及相应惩罚措施能督促各参建及服务单位重视服务质量，如连续 3 个季度考核排最后一名的服务单位，建设单位有权要求服务单位向其反馈书面整改方案，有权约谈服务单位法定代表人，有权要求撤换项目负责人，有权要求服务单位领导小组的主要领导进驻现场支持项目管理。

表 6-2　服务单位安全部分考核细则及评分

单位名称：　　　　　　　　　　　　　标段名称：

序号	检查项目	检查内容	检查方法	评分标准	分值	得分	扣分情况说明	备注
1	安全管理制度、安全操作规程	安全生产管理体系、安全生产规章制度及安全生产责任制的建立与落实情况；安全生产规章制度和操作规程的执行情况	检查相关制度、规程和执行记录情况	a. 未建立安全生产管理体系、安全生产规章制度及安全生产责任制，缺 1 项扣 5 分，未落实，扣 5 分；b. 未建立安全生产规章制度和操作规程，缺 1 项扣 5 分，未执行落实，扣 5 分	10			
2	资格资质	检测资质等级证书、计量认证证书和人员资格	查看资料	a. 资质不符合要求，扣 5 分；b. 资格不符合要求，每人扣 2 分	10			
3	安全生产机构、安全管理人员	安全生产管理机构设置及其职责；安全管理人员的配备及其职责	查看资料、人员岗位资格	a. 未设立安全生产管理机构，扣 5 分，无安全职责，扣 5 分；b. 未按要求配备安全管理人员，缺 1 人扣 2 分，无安全职责，扣 5 分	10			
4	安全生产应急救援预案	编制应急预案，有组织机构和职责分工；有应急物资和救援人员，能满足应急要求；对应急物资有检查记录；定期进行应急演练，有演练方案和记录、演练后对预案的可行性进行评审和修订	查看资料	a. 未编制预案或无组织机构和职责分工，扣 5 分；b. 应急物资和人员不满足要求，扣 5 分，应急物资无检查记录，扣 2 分；c. 无定期应急演练记录，扣 5 分，未预案可行性进行评审和修订，扣 5 分	10			

序号	检查项目	检查内容	检查方法	评分标准	分值	得分	扣分情况说明	备注
5	安全教育培训	定期实施安全教育培训情况；新进员工或换岗员工安全教育培训情况；危险作业前安全教育情况；学习有关安全生产管理法律、法规、文件精神，学习安全操作有关规程等情况；对违章指挥、违规作业、违反劳动纪律的人员进行处理和教育情况	查看资料和记录	a. 进场及换岗员工未进行安全教育培训，每人扣2分，考核不合格上岗，每人扣2分； b. 未定期实施安全教育培训，扣5分； c. 危险作业前未进行安全技术交底，扣5分； d. 无相关培训记录，扣5分； e. 无处理和教育记录，扣2分	15			
6	安全生产投入	按国家有关规定提取和使用安全生产费用的情况；按照国家标准或行业标准为从业人员无偿提供合格的劳动防护用品和劳动防护用品的情况	查看资料和记录	a. 无安全投入计划，扣10分； b. 安全投入计划不符合要求，扣5分； c. 无安全投入人使用台账和相关凭证，发放标准不符合要求，扣5分； d. 无劳动防护用品发放台账，扣5分； e. 劳动防护用品使用不符合要求，每人扣2分	10			
7	日常安全管理	贯彻落实国家、行业有关安全生产法律法规、规范标准情况；定期召开安全生产工作会议，研究处理安全生产存在的问题，并形成会议纪要，存档备查；定期组织安全检查，对存在的问题立即整改，不能立即整改的，要制定相应的防范措施和整改计划，限期整改；对安全设施、设备按规定进行维护、保养，并定期检测，保证安全设施、设备正常运转情况	查阅资料和记录	a. 未贯彻落实安全法律法规、规范标准，扣10分； b. 未定期召开安全工作会议，未研究处理安全生产存在的问题，未形成会议纪要，无会议签到表，每项扣2分； c. 未定期进行安全检查，扣5分； d. 对检查出的问题未按要求整改，设备未按规定维护、保养，扣5分； e. 安全设施、设备未按规定维护、保养、检测，不能正常运转，扣5分	15			

序号	检查项目	检查内容	检查方法	评分标准	分值	得分	扣分情况说明	备注
8	危险性作业	操作设备或进行危险性作业，附近显著位置是否有操作规程，危险性作业管理控制情况	查看操作规程、工作记录和作业现场	a. 设备或作业点附近显著位置无操作规程，扣10分； b. 未按操作规程进行作业，扣10分； c. 无危险作业工作记录，扣5分	10			
9	现场作业	施工现场作业是否符合施工现场安全作业要求；是否有相应的防护控制措施	查看工作记录和作业现场	a. 不符合现场安全作业要求，扣5分； b. 无相应的防护控制措施，扣5分	5			
10	参与安全事故分析	参与有关的生产安全事故分析，并承担相应的责任	查事故档案、报表	未参与有关的生产安全事故分析，扣5分	5			

扣分说明：

加分说明：

评分结果

检查人员（签字）：　　　　　　　　被检查单位项目负责人（签字）：　　　　　　　　检查时间：　　　年　　月　　日

表 6-3 服务单位质量部分考核细则及评分

检查项目	考评内容及扣分加分标准	扣减/增加分数	备注
	总分：100 分		
质量责任制	未编制质量管理制度、成立质量管理机构的：扣 3 分		
	未落实质量责任的：一次扣 1 分		
规程规范	未制定质量检测标准及规范的或引用标准有误的：一次扣 1 分		
	取样方法、检测方法、检测时间、检测数量等操作不符合规范要求的：一次扣 1 分		
检测人员	未按规定或合同配备相应条件的试验检测人员或擅自变更试验检测人员的：每人扣 2 分		
	检测人员资格证书手续作假：每人扣 2 分		
	试验检测资料数据、结论有误：每份扣 2 分		
检测报告	伪造试验、检测资料：每项扣 3 分		
	制作虚假数据报告并造成质量标准降低的：每项扣 3 分		
	报告签字人不具备资格：每份扣 2 分		
	未按规定取样、留样：一次扣 1 分		
试样管理	样品标识信息不完整、不清晰：一次扣 1 分		
	仪器设备未定期进行计量检定：一次扣 2 分		
设备、仪器	仪器设备无状态标识或有误：每项扣 2 分		
	仪器设备档案与实物不符：每项扣 2 分		
	违反试验检测技术规程进行操作的：一次扣 2 分		
其他	受到行业主管部门通报表彰的：一次加 2 分		
	及时发现重大质量问题、避免质量隐患的：一次加 5 分		

考核得分：

服务单位名称： 服务单位负责人签名：

考核部门： 考核人签名：

表 6-4　服务单位进度部分考核细则及评分

序号	考核项目		考评指标	扣分标准	扣分值	备注
	考核项目	□月度考核 □季度考核			考核日期：	
1			检测计划	未及时编制质量检测工作计划的：扣 2 分		
2			周报、月报	试验检测周报、月报上报不及时的；一次扣 3 分		
3			质量检测工作报告	未按规定及时出具各验收阶段的质量检测工作报告或分析报告的；一次扣 5 分		
4			质量整改	对各级监督部门提出的检查意见整改不闭合、不及时的；一次扣 5 分		
5			检测、检验	无理由拒绝或拖延检测工作的；一次扣 5 分		
6			检测报告	试验检测记录、报告签字不全，未按规定及时出具报告的；一次扣 3 分		

考核得分：

服务单位名称：　　　　　　　　　　　　　　　　　服务单位负责人签名：

考核部门：　　　　　　　　　　　　　　　　　　　考核部门负责人签名：

注：进度考核总分 100 分，实行扣分制。检查考核项目是否存在问题，如果存在问题则按扣分标准进行扣分，分值扣完为止，各项扣分之和与总分相抵后为进度考核得分。

表 6-5　服务单位投资部分考核细则及评分

序号	考评指标	分值	扣分标准	扣分值	得分值
1	工程计量	40 分	未按合同计算规则进行工程量计量的：一次扣 3 分		
			虚报工程量，超过所报量 1%的：一次扣 5 分		
			上报工程量所附检测报告不全的：每份扣 2 分		
2	检测（监测）工程量	35 分	未按月进行检测（监测）工程量与施工单位自检、合同工程量统计对比的或统计有误的：一次扣 2 分		
			超过合同检测工程量未及时预警的：每项扣 5 分		
3	工程变更	25 分	未按工程变更管理制度及时办理变更的：一次扣 5 分		
			考核得分合计		
服务单位名称				服务单位负责人签名	
考核部门				考核人签名	

注：投资考核总分 100 分，实行扣分制。每项考核项目分值扣完为止，各考核项目得分之和为考核得分。

表 6-6 服务单位廉政部分考核细则及评分

序号	考评内容及扣分标准 总分：100 分	扣减分数	备注
1	工作时间饮酒或存在明显饮酒状态的：一次扣 3 分		
2	未经同意，邀请监理人员或建设单位一起就餐的：一次扣 5 分		
3	邀请监理人员或建设单位一起去营业性娱乐场所的：一次扣 5 分		
4	工作中弄虚作假，损害业主利益的：一次扣 5 分		
5	拒不执行监理或业主指令，或有欺骗行为的：一次扣 5 分		
6	不自觉接受监理或建设单位检查、指导监督、协调的：一次扣 5 分		
7	不能正确对待监理或建设单位检查工作，出言不逊的：一次扣 10 分		
8	发生其他违反廉政纪律行为的：一次扣 2 分		

考核得分：

服务单位名称：　　　　　　　　　　　　　　　　　服务单位负责人签名：

考核部门：　　　　　　　　　　　　　　　　　　　考核人签名：

表 6-7　服务单位综合部分考核细则及评分

单位名称：

考核项目		考核日期	□月度考核　□季度考核				
序号	项目	分值	综合管理违规行为	扣分标准	扣分	扣分情况说明	得分
1	档案管理	30 分	未建立项目档案工作各项规章制度、行之有效的项目档案工作的管理体制和工作程序，未形成项目档案管理网络	1 分/处			
2			未自觉接受有关部门对项目档案工作的检查监督和指导，对检查中发现的问题未及时整改；未做到项目档案工作与项目建设同步进行	2 分/处			
3			项目档案工作未实行领导负责制，未明确负责档案工作的部门及领导，未实行各部门有关人员档案工作责任制，未采取有效的考核措施	1 分/处			
4			未保证档案工作所需经费，未配备计算机、复印机及声像器材等必备的办公设备且性能优良，不满足工作需要	1 分/处			
5			参考所属行业归档范围的规定，重要文件归档有遗漏	1 分/处			
6			归档文件材料不真实、内容不准确、签署手续不完备、弄虚作假	1 分/处			
7			竣工图内容与施工图设计、设计、洽商、材料发生变更、施工及质检记录不相符的	1 分/处			

考核项目			综合管理违规行为	扣分标准	扣分	扣分情况说明	得分
序号	项目	分值	□月度考核　□季度考核　考核日期□				
8			归档纸质材料字迹不清楚、图样不清晰，页面不整洁，格式不规范，不符合耐久要求	1分/处			
9			分类不清晰、组卷不合理、排列不系统；项目档案卷与卷内文件的排列不符合国家或专业主管部门的有关标准规范	1分/处			
10			格式不规范、字迹不清晰，填写不完整，案卷题名不规范，不能准确揭示卷内文件材料的主要内容和特征	1分/处			
11			卷内目录与卷内文件材料实物不相符，有错漏；著录格式不符合规范要求，字迹不清晰；卷内备考表未标明卷内文件的件数、页数	2分/处			
12	档案管理	30分	案卷内不同幅面的科技文件材料未折叠或裱贴为统一幅面，破损的未修复	1分/处			
13			文字材料未采用整卷装订和单份文件装订两种形式；图纸不装订、不统一，整卷装订的案卷装订不整齐，不牢固	1分/处			
14			未设独立的档案库房；档案库房未配置防火、防水、防有害生物和温湿度调控等设施；档案柜架、卷盒、卷皮等档案装具不符合标准要求	1分/处			
15			未按要求定期报送归档文件资料整理合账，未定期开展归档文件资料自查及督查检查工作	3分/次			
16			擅自更换专职档案管理人员，未及时报备	5分/次			

□月度考核　□季度考核　考核日期

考核项目	序号	项目	分值	综合管理违规行为	扣分标准	扣分	扣分情况说明	得分
宣传管理	17		30分	未及时安排 1 名擅长拍摄的宣传通讯员	5分/项			
	18			未配备相机等必要的基本拍摄设备	2分/项			
	19			未及时做好工程宣传及影像拍摄相关文件报送工作	2分/次			
	20			未按要求完成××工程相关影像拍摄及报送（含每月 10 张照片）	2分/次			
	21			未向业主单位提前报备工作范围内的重要进展、重大事项、重要新闻线索	2分/次			
	22			未按要求和规范使用业主单位及××工程相关品牌标识	2分/次			
	23			未按规范及时做好工程宣传及影像宣传资料的整理、保管、归档工作	2分/项			
	24			未积极配合在××工程全线范围内宣传工作调研或参加相关活动	2分/次			
	25			未积极配合业主单位、政府部门组织安排的媒体采访、摄影摄像等活动	2分/次			
	26			发生负面舆情危机或发生后未采取有效措施并消除舆情危机	5分/次			
党群工作	27		30分	经上级组织、纪检、巡视巡察等部门认定，存在贯彻落实中央和上级决策部署不到位、违反政治纪律和政治规矩等问题	5分/次			
	28			未按"两个全覆盖"要求建立党组织	3分/项			
	29			未按要求配备党群组织负责人	3分/项			

□月度考核　□季度考核　　　　　　考核日期

考核项目			综合管理违规行为	扣分标准	扣分	扣分情况说明	得分
序号	项目	分值					
30			未按规定或要求落实党建工作经费	3分/项			
31			未按规定或要求建立党群活动室	3分/项			
32			未组织党员围绕工程建设开展建功立业活动，党员先锋模范作用效果差	3分/项			
33	党群工作	30分	未按要求参加建设单位组织的重大党建联建和工会联建活动	3分/次			
34			未按要求及时悬挂传党的有关路线方针政策、党建宣传氛围不够浓厚，工程现场缺乏党建宣传元素	2分/项			
35			未按要求妥处理上（信）访事件，未做好重大决策事项社会稳定风险评估及应急预案，且造成不良影响	5分/次			
36	其他工作	10分	经建设单位确认的其他违规行为或事项	2分/次			

考核得分合计：

施工单位	施工单位负责人签名
监理单位	监理单位负责人签名
考核部门	建设单位考核人签名

注：考核总分为100分，实行扣分制。检查考核项目是否存在违规行为，如果存在则按扣分标准进行扣分，每项考核项目分值扣完为止，各项考核得分之和为考核得分。考核细则及评分表格实行动态管理，适时调整，以当次最新版本为准。

6.4.5　搭建高效的信息化应用平台

随着国家推行网络强国战略、国家大数据战略、"互联网+"行动计划等重要战略或计划的制定,通过信息化手段提升管理水平已成为大势所趋。

某大型水利枢纽工程生态环境监测系统建设

针对工程建设任务与建设单位实际需求两个方面对系统建设内容进行梳理,主要包含以下几个方面。

①数据库建设:根据工程实际监测需求、系统功能需求与相关规范,对项目数据库进行系统设计,根据与业主商定的最终设计方案进行数据库搭建。在此基础上收集已有的历史监测数据,对数据进行整编入库,并复核数据库评价功能的准确性。对数据库进行定期维护与数据更新,发现问题及时解决。

②系统建设:开发数据录入模块,提供数据初始化和定期批量导入数据功能(包括地表水水质、饮用水水质、废污水水质、环境空气、环境噪声数据录入,并预留陆生生态、水生生态、土壤、地下水水质数据录入模块);开发数据分类评价模块,并用已有的评价结论验证与复核数据库评价模块是否正确(包括地表水评价、饮用水评价、废污水评价,并预留地下水水质评价模块);开发信息查询模块,提供分类型、分时段的查询功能(包括地表水水质、饮用水水质、废污水水质、环境空气、环境噪声查询,并预留陆生生态、水生生态、土壤、地下水水质查询模块);开发信息展示模块,定制成果展示图,实时展示重点监测点位水质状况;开发系统管理模块。

③与大平台集成:按照建设单位一体化应用门户的要求,将生态环境监测系统查询、展示成果接入智慧大平台。建设单位门户网站可实现生态环境信息的可视化,也可对监测站点各类指标项目的超标情况进行实时预警,为建设单位精细化管理和高效决策提供高质量的生态环境信息服务系统平台。

---

(1)案例分析

本案例中,建设单位利用信息化手段实现对工程开工以来水质、水生态、环境空气等环境数据的电子化储存；且通过监测数据的系统评价功能实现对监测站点各类超标指标的实时预警，以及对水质数据变化趋势的分析，为建设单位精细化管理和高效决策提供了可视化的管理技术。水利水电类建设项目（尤其是大型工程）生态环境系统建设实现了生态环境数据自动搜集、监测数据分类评价，建立健全水利网络与信息安全监控、预警机制等重要功能，对后期保护工程坝址下游生物栖息地环境、维护生态环境稳定性、完整性和良好性等工作提供有效辅助、支持，是实现工程科学化、规范化、精细化管理，打造生态环境信息化建设精品项目的坚实一环。

除此之外，本案例中的建设单位还将综合办公系统、人事管理系统、财务系统、工程建设项目管理系统、水情测报系统、环境监测系统等 10 多类系统加以整合，在组织架构、制度建设、基础设施建设、数据整合共享、业务系统推广应用等方面取得了阶段性成果。

（2）经验借鉴

本案例中，建设单位立足工程建设管理、工程运行管理和单位综合管理等管理需求，以信息化支撑公司履行职能和提高现代化管理水平为出发点，从基础设施、数据资源、应用支撑、业务应用、网络和信息安全、保障环境六大方面，科学设计了单位网络安全和信息化总体框架。

"数据库—系统—平台"整合升级，化零为整地推动智慧工程总体布局的发展，并统筹各系统间资源共享，消除公司部门壁垒、系统壁垒，不断强化信息安全防护，减少信息安全隐患。××工程生态环境监测数据库作为其单位智慧门户系统中的一个模块，建成后将全面接入智慧平台，对地表水、地下水、环境空气、环境噪声等环境数据进行实时监测与分类评价，将有力推动该工程的信息化建设。